Osprey Aviation Elite

Jagdgeschwader 27
'Afrika'

John Weal

Osprey Aviation Elite

オスプレイ軍用機シリーズ
39

第27戦闘航空団
アフリカ

［著者］
ジョン・ウィール
［訳者］
阿部孝一郎

大日本絵画

カバー・イラスト/マーク・ポーストレスウエイト
カラー塗装図/ジョン・ウィール

カバー・イラスト解説
1942年8月7日午後、第27戦闘航空団第Ⅱ飛行隊のBf109 4機は連合軍戦線の背後で実施するいつもの索敵攻撃(フライエ・ヤークト)のため、エル・アラメインから西に約72km離れた、地中海沿岸の道路沿いにあるクオータイフィアの同飛行隊基地から離陸した。同じ頃、英国空軍第216飛行隊のブリストル・ボンベイ輸送機が単機でヘリオポリスから離陸し、負傷兵を拾ってカイロ地区の病院に送るためエジプトの前線へ向かう通常の飛行に従事していた。ブルグ・エル・アラブの前線滑走路では、ボンベイの18歳のパイロット、H・G・ジェイムズ軍曹は特別な乗客を待て、という命令を受けた。その人物は数時間前に英国陸軍第8軍司令官に任命されたばかりのウィリアム・ゴット中将で、責任を負うべき対象を検討するための緊急会議に出席するべく、この時カイロへ戻る必要があった。

ボンベイは、ドイツ空軍戦闘機の歓迎されざる注意を引かぬように、通常は砂漠上の高度約15mという低空を飛行した。しかし、この時はブリストル・ペガサスXXⅡエンジンが過熱したため、ジェイムズ軍曹は冷却空気を求めて高度150mに上昇した。高空を哨戒飛行していたエーミール・クラーデ上級曹長率いる4機編隊に、アレキサンドリアの南南東でその鈍重な輸送機が発見されたのは、その高度まで上がったためだった。防御火器はヴィッカーズ機関銃2挺だけというボンベイ輸送機が、高度6000mから鷹のように急襲してきた第27戦闘航空団第5中隊の戦闘機4機に太刀打ちできるはずもなかった。クラーデが最初の1連射を放った時、ジェイムズは不時着を試み、そして乗客、搭乗員はまだ機体が停止しないうちから脱出し始めた。ベルンハルト・シュナイダー軍曹の行った地上掃射で、まだ機内にいた人々は1名を除いて全員が殺された。死亡した17人のひとりはゴット中将であった。彼は第二次大戦中に敵の銃火で殺された最高位の英軍将校である。

この時の索敵攻撃ではボンベイが唯一の戦果だったが、この1機撃墜は戦況に大きな影響を及ぼした。ゴット中将を喪った第8軍は新たな司令官を探す羽目になり、選ばれたのはほぼ無名のバーナード-ロウ・モントゴメリーであった。2カ月後の歴史的なエル・アラメインの戦いで連合軍を勝利に導き、元帥に昇進して1945年5月4日に北西ヨーロッパの全ドイツ軍降伏を受諾することになる、そのひとである。

凡例
■ドイツ空軍(Luftwaffe)の主な部隊組織についての訳語は以下のとおりである。
Luftflotte→航空艦隊
Geschwader→航空団
Gruppe→飛行隊
Staffel→中隊
ドイツ空軍は航空団に機種または任務別の呼称をつけており、Jagdgeschwaderの邦訳は「戦闘航空団」とした。また、必要に応じて略称を用いた。このほかの航空団、飛行隊についても適宜、邦訳語を与え、必要に応じて略称を用いた。また、ドイツ空軍では飛行隊番号にはローマ数字、中隊番号にはアラビア数字を用いており、本書もこれにならっている。
例:Jagdgeschwader 27 (JGと略称)→第27戦闘航空団
　 Ⅰ./JG27→(第27戦闘航空団)第Ⅰ飛行隊
　 1./JG27→(第27戦闘航空団)第1中隊
■搭載火器について、ドイツ軍は口径20mmまでを機関銃(MG)、それより口径の大きなものを機関砲(MK)と呼んだが、本書では便宜上、20mm以上を機関砲と表記した。
■訳者注、日本語版編集部注は[ ]内に記した。

翻訳にあたっては「Osprey Aviation Elite　Jagdgeschwader 27 'Afrika'」の2003年に刊行された版を底本としました。[編集部]

原書の参考図書　SELECTED BIBLIOGRAPHY
BEER, SIEGFRIED and **KARNER, STEFAN**, *Der Krieg aus der Luft, Kärnten und Steiermark 1941-1945*. Weishaupt Verlag, Graz, 1992
BROOKES, ANDREW, *Air War over Italy, 1943-1945*. Ian Allan, Shepperton, 2000
CONSTABLE, TREVOR J and **TOLIVER, COL RAYMOND F**, *Horrido! Fighter Aces of the Luftwaffe*. Macmillan, New York, 1968
CULL, BRIAN et al, *Twelve Days in May: The Air Battle for Northern France and the Low Countries 10-21 May 1940*. Grub Street, London, 1995
FREEMAN, ROGER A, *Mighty Eighth War Diary*. Janes, London, 1981
GIRBIG, WERNER, *Start im Morgengrauen*. Motorbuch Verlag, Stuttgart, 1973
GIRBIG, WERNER, *..mit Kurs auf Leuna*. Motorbuch Verlag, Stuttgart, 1980
OBERMAIER, ERNST, *Die Ritterkreuzträger der Luftwaffe 1939-1945: Band I, Jagdflieger*. Verlag Dieter Hoffmann, Mainz, 1966
PRIEN, JOCHEN et al *Messerschmitt Bf 109 im Einsatz beim JG 27 (3 vols of individual Gruppe Histories)*. Struve-Druck, Eutin
RAMSEY, WINSTON G (ed), *The Battle of Britain Then and Now*. After the Battle, London, 1985
RING, HANS and **GIRBIG, WERNER**, *Jagdgeschwader 27*. Motorbuch Verlag, Stuttgart, 1971
RUST, KENN C, *Fifteenth Air Force Story*. Historical Aviation Album, Temple City, 1976
SHORES, CHRISTOPHER and **RING, HANS**, *Fighters over the Desert*. Neville Spearman, London, 1969
SHORES, CHRISTOPHER et al, *Fighters over Tunisia*. Neville Spearman, London, 1975
SHORES, CHRISTOPHER et al, *Air War for Yugoslavia, Greece and Crete 1940-41*. Grub Street, London, 1987
SHORES, CHRISTOPHER et al, *Fledgling Eagles*. Grub Street, London, 1991
SMITH, PETER and **WALKER, EDWIN**, *War in the Aegean*. William Kimber, London, 1974
ULRICH, JOHANN, *Der Luftkrieg über Österreich 1939-1945*. Heeresgeschichtliches Museum, Vienna

目次 contents

6 1章 航空団の起源と座り込み戦
origins and sitzkrieg

18 2章 フランスの戦いと英国本土航空戦
battles of france and britain

41 3章 マリタ作戦とバルバロッサ作戦
marita and barbarossa

64 4章 アフリカ――航空団最良の時
africa - the finest hour

91 5章 地中海、エーゲ海、そしてバルカン
the mediterranean, aegean and balkans

104 6章 最後の戦い
the final battles

122 付録
appendices
122 　第27戦闘航空団の歴代指揮官
123 　騎士十字章受章者一覧
124 　撃墜戦果

52 カラー塗装図
colour plates
124 　カラー塗装図 解説

chapter 1

航空団の起源と座り込み戦
origins and sitzkrieg

航空戦史において、ハンス-ヨアヒム・マルセイユと北アフリカの西部砂漠から連想される第27戦闘航空団（Jagdgeschwader 27）のごとく、ひとりの人物、ひとつの戦域と密接に関連づけられる部隊はわずかしかない。しかし、実は、激情家であったことは確かなこのジャズ愛好家の若いベルリン子と、北アフリカの不毛の荒地との関係は17カ月間だけ続いたに過ぎない。その期間は同航空団の第二次大戦における戦史の四分の一を占めるだけである。航空団の戦歴は大戦初日から最終日までの全戦闘に及び、北欧スカンジナビアを除くと、ドイツ戦闘機隊（Jagdwaffe）が戦ったすべての戦域に指揮下のメッサーシュミットBf109が派遣された。

厳密にいうと第27戦闘航空団は第二次大戦中に創設されたのであるが、その起源は1937年春まで遡ることができる。これは保有戦力を倍増する結果となった、戦前のドイツ空軍が最大限拡張していた時期のことで、戦闘機部隊だけとってみても、戦闘飛行隊（Jagdgruppe）は6個から12個に増加していた（さらに、当初は自立的に活動していた戦闘中隊（Jagdstaffel）が12個あった）。

新編成の飛行隊の大半はいわゆる「母が子を生む」手法で創設された。これは経験豊富な兵員の中核を、時には1個中隊全部を既存の飛行隊から分離し、それを中心に据えてまったく新しい部隊を編成するという方法であった。1937年春の拡張計画で「母」部隊の役割を演じるため選ばれた戦闘飛行隊のひとつが、ベルリン南方のユーターボグ-ダムに当時駐留していた第132戦闘航空団「リヒトホーフェン」第II飛行隊（II./JG132）であった。そして、創設された部隊が第131戦闘航空団第I飛行隊（I./JG131）である。

3桁数字の最後が示すように、第131戦闘航空団第I飛行隊は第I地域別航空管区（Luftkreiskommando I）の指揮下に入ることが予定されていた［3桁数字の説明は、本シリーズ第28巻「第2戦闘航空団 リヒトホーフェン」の16頁を参照］。当時ドイツ全土は7個のこうした地域別航空管区（航空指揮地区）に分けられ、第I地域別航空管区は東プロイセン全体を指揮下においていた。この最東方のドイツ領土は間に挟まれたポーランド「回廊」により、物理的に他のドイツ本土と分離されていた。それはポーランドにとってバルト海へ通じる唯一の道筋に横たわる細長い土地だった。

1937年3月15日、ベルンハルト・ヴォルデンガ大尉が未だ不完全な同飛行隊の隊長に任じられた。36歳のヴォルデンガはハンブルク～アメリカ航路の元商船士官で、1929年に忠誠を誓う相手を海軍航空隊へと変えていた。当初はドイツ海軍（Reichsmarine）、それからドイツ空軍（Luftwaffe）に奉職し、1936年を第134戦闘航空団第6中隊長として過ごした。

飛行隊が保有する機材は最初は旧式なAr65、He50の混成で、3月末に東

商船士官出身で35歳のベルンハルト・ヴォルデンガ大尉は1937年春に第131戦闘航空団第I飛行隊を編成する任務に就いた。写真は大戦後半の中佐当時に撮影。

プロイセンへ向け飛び立っていった。孤立していた東プロイセンとドイツ本土を結ぶ鉄道路はあったものの、飛行隊の重装備や必需品はすべてバルト海沿岸航路で運ばれた。これは「回廊」を横断する115kmの鉄道路の両端で、軍用貨物を積んだ貨車をポーランド国境警備隊の詮索に任すより遙かに賢明だった。

第131戦闘航空団第I飛行隊は公式には1937年4月1日に編成を完了した。飛行隊は州都ケーニヒスベルクの南南東約22kmに位置するイェーザウにできたばかりの飛行場に展開した。ドイツ空軍本隊からの「別離の感を隠しきれない」にもかかわらず(その当時東プロイセンに永続して駐留していた他の飛行部隊は2個偵察飛行隊だけだった)、ヴォルデンガは第131戦闘航空団第I飛行隊を本土のどの戦闘飛行隊にも匹敵しうる部隊に──さらに優秀とまではいわないとしても──しようと決心した。

有能な3名の中隊長の助けを得て、ヴォルデンガは第131戦闘航空団第I飛行隊が最大限効果的な組織になるよう目指した。ちょうど6カ月後に、旧式となったAr65とHe50からより近代的なAr68Fに機種改変されて、彼の任務はずっと容易になった。明るいグレイに塗られたこれらの優雅な複葉機にはすぐに同飛行隊の艶のある黒の装飾塗装を記入し、真新しい白色の戦術標識も追加して、完璧を期した。

1936年9月に出されたドイツ空軍通達では、戦闘機部隊は面倒な5桁のアルファベットと数字を組み合わせた識別記号方式が許されており、これは当時の作戦可能機すべてに記入されていた標準的な識別方式だった。だが、その代わりに、ドイツ戦闘機隊は白い数字と幾何学的図形の単純な組み合わせを導入した。この新しく視認が容易なマーキングは、空中におけるすばやい識別に関しては望ましい効果を得た反面、欠点もひとつあった。ドイツ空軍の作戦可能機のなかで、戦闘機だけが部隊識別のいかなる手段も持ち合わせていなかったのだ。

この問題を解決するため、1936年末から1938年初めにかけて──これは複葉戦闘機がドイツ空軍から次第に退役する時期にあたる──どの戦闘航空団、またはその一部にも個別の識別色が与えられた。これは通常エンジ

第I飛行隊のAr68F戦闘機には機首に目立つ黒い塗り分けが施されてた。第1中隊機はこの飛行隊マーキングしかつけていないが、第2中隊機はこの写真でわかるように機首と胴体後部に白帯を追加していた(列線の3番目、「白の9」には胴体後部の帯がわずかに写っている)。

第3中隊機は機首と胴体後部に白丸を記入していた。この単純な空中での識別方式の効果は、東プロイセン上空を哨戒飛行する第131戦闘航空団第3中隊の3機編隊を撮影したこの写真からよくわかる。

ン・カウリングに記入され、胴体上部にまで延びることもたびたびあった。こうした識別色で最も有名なのはおそらく、一般には「赤い男爵」（レッド・バロン）にちなんで名誉称号「リヒトホーフェン」を授けられたと信じられている、第132戦闘航空団のHe51に塗られた赤い装飾塗装であろう。その他に使われた色には緑、オレンジ、褐色、ライトブルーがあった。

そして、第134戦闘航空団のAr68が「突撃隊の茶色いシャツ」と同じ色で塗り分けられたのは、大いに賞賛されたナチ殉教者を記念した部隊名「ホルスト・ヴェッセル」と同様に明白な政治的宣言であったのに対し、第131戦闘航空団の選択した黒は知られる限り、ヒムラーの悪名高い親衛隊員の黒い制服とはなんら関連、あるいは由来する点はなかった。

Ar68Fが配備され始めたばかりの1937年10月末に、ヴォルデンガ大尉は中隊長の中で最も経験豊富な第131戦闘航空団第3中隊長エーバーハルト・フォン・トリッツシュラー・ド・エルザ中尉を手放すことになった。飛行隊長と同様に、彼もまたソ連のリペーツクに在ったドイツ空軍の秘密訓練施設で戦闘機訓練を受けたが、コンドル部隊の第88戦闘飛行隊第4中隊（4.J/88）を指揮するためスペインへ出発したのだ。だが、ド・エルザと同様に有能な後任を得たヴォルデンガは幸運だった。そのマックス・ドビスラフ中尉は後に第27戦闘航空団第Ⅲ飛行隊長に昇進する。

結局、Ar68Fは最初のAr65とHe50よりいくらか永く使われたに過ぎず、同飛行隊は1938年5月に今度はBf109へ機種改変を始めることになった。ドイツ空軍の補給廠に集積された新たな使用機——幾分寄せ集めの感がある取り合わせのBf109B、C、Dの各型——を受領するため、選抜されたパイロットたちがドイツ本土に戻るよう命じられた。

軍用機はポーランド回廊上空の飛行を禁じられていたため、東プロイセンへの復路は急角度に曲がったバルト海上空の針路を含んでいたが、それは各パイロットに沿岸から5kmの公海を注意して識別するように強いた。しかし彼らにはわからなかったが、ポーランド人は領海を10kmと一方的に宣言していたため、通過するBf109に対空砲火が何度も火を噴いた！　同飛行隊にとってそれは予期せぬ、そして歓迎されざる砲火の洗礼であったが、幸運にも

被害はなかった。

　目的に適い、実戦向きに見えるダークグリーン迷彩に塗られたBf109の登場は、部隊識別の色鮮やかな塗り分けに取って替わり、このマーキングは短命に終わった。ドイツ戦闘機隊が存在した以後7年間は、個々の戦闘機の所属部隊を識別するいかなる種類の標準的方式も欠いていた（大戦後半に本土防衛組織に組み込まれた戦闘航空団は部隊ごとに色分けされた帯を胴体後部につける、というかたちに戻りはした）。

　ドイツ空軍戦闘機が所属部隊を明かす唯一の方法は部隊章を記入することであった。しかしそうした記章は強制ではなかった。それらを記入するか、否かは完全に指揮官の自由裁量に任されていた。そしてあらゆる形状、寸法、題材を象った記章が大戦前と大戦初期に蔓延したが、大戦の推移につれ次第に減っていった（東部戦線では敵に情報を摑ませないように、1943年初めに公式に禁止された）。

　ベルンハルト・ヴォルデンガは即座に飛行隊章を新式のBf109に記入した。彼自身はフリースランド（北海沿岸部）人だったが、第131戦闘航空団第Ⅰ飛行隊が作戦している当該地域、バルト海沿岸領の古代チュートン騎士団に強い影響を受けていた。その結果、彼は白い楯の上に黒十字を描いた十字軍の古い記章を選び、3つの小さなBf109の輪郭を黄色で重ね書きして現代的な装いにした。

　もし同飛行隊のパイロットが1938年のヨーロッパにおいて高まる政治的緊張の証拠をいくらかでも必要としたならば、引き金を引きたくてうずうずしていたポーランドの対空砲火の銃手がそれを与えてくれたであろう。東プロイセンの飛び地に隔離されていたため、第131戦闘航空団第Ⅰ飛行隊はヒットラーが3月にオーストリアを併合した際は何の役割も演じなかった。しかし総統がその年の後半にチェコスロヴァキア領ズデーテン地方を大ドイツ帝国へ割譲するように要求して圧力を高めた際は、同飛行隊にとって第二次世界大戦の勃発前では担当区域を越えた唯一の作戦運用となった。

　1938年8月初め、チェコ国境沿いに集結する軍事力の一翼を担うため第131戦闘航空団第2、第3中隊は南に向かい、シュレージェンのリーグニッツに移動し（ポーランド回廊を避けたことはいうまでもない！）、紛争地域に沿って戦闘機による哨戒飛行をしていた戦力に加わった。

　ヒットラーの厚かましい武力誇示は最終的にドイツ空軍の爆撃、及び戦闘航空団を12個投入するに至ったが、望ましい結果を得た。宥和が採り得る唯一の政策であるとの決定から、英仏両政府はミュンヘン協定を締結し、1938年10月1日にズデーテン地方は謝意を表す総統の手にするところとなった。

　9日後、第131戦闘航空団第Ⅰ飛行隊のBf109はさらに南へ約160km進出して新たに獲得した領土に入り、チェコ空軍が最近明け渡したメーリッシュ-トリュバウ（チェコ語の地名はモラヴスク-トレボヴァ）基地に展開した。彼らが駐留していた期間は短かった。10月第3週に同飛行隊はイェーザウに戻った。そこで彼らには部隊名称の変更が待っていたのである。

　1938年8月1日、東プロイセン全体を統轄する第Ⅰ地域別航空管区は東プロイセン空軍司令部（Luftwaffenkommando Ostpreussen）に置き換えられた。しかしこれは上級司令部段階の大規模な組織改編の一部であり、従来の7個の地域別航空管区が消滅し、それに代わってより大きな航空群司令

部(Luftwaffengruppenkommando)が3個編成された。

地域別航空管区の消滅によって、3桁の数字を使う飛行部隊の識別方法で最後の数字が無意味となった。しかし、ズデーテン危機の間の面倒な事態を回避するため、必要とされる変更は延期された。だが11月1日に大規模な部隊名称変更が実施され、第1航空群司令部(司令部所在地はベルリン)隷下の全部隊は3桁目が1となった。こうしてベルリン地区に駐留した「リヒトホーフェン」航空団(従来は第132戦闘航空団)は今や第131戦闘航空団となり、一方、半自立的な空軍地区司令部である東プロイセン空軍司令部に属するベルンハルト・ヴォルデンガの「元」第131戦闘航空団第I飛行隊は、突如として第130戦闘航空団第I飛行隊(I./JG130)になった。

しかしこの記名方法はまだ扱いづらいため、司令部名と部隊名称を単純化する最後の試みが1939年5月1日に実施された。(今や4個を数える)航空群司令部は航空艦隊(Luftflotte)と名称変更され、各航空艦隊の隷下飛行部隊には25ずつの連続した番号が割り当てられた(たとえば第1航空艦隊の隷下部隊は1から25までの番号を与えられ、第2航空艦隊の隷下部隊は26から50までという具合、以下同様)。

同時に東プロイセン空軍司令部は第1航空艦隊(Luftflotte 1)に編入された。どういうわけか、イェーザウに駐留する、ヴォルデンガの目立たずほとんど知られていない飛行隊は新方式において数字的に高位を与えられた。ここに彼らは第1戦闘航空団第I飛行隊(I./JG1)として現れ、ドイツ空軍最初の戦闘機部隊であり、一般に紹介される機会の多かった「リヒトホーフェン」航空団は、第2戦闘航空団(JG2)として次位に甘んじた。

新部隊名に改まって1カ月余り後に、第1戦闘航空団第I飛行隊はBf109Eに機材更新を始めた。そしてさらに1カ月後の7月中旬、開戦直前に実施された最後の緊急拡張計画において、今度は「母」部隊の役割を果たすことになった。

Bf109Eに更新を完了したばかりの第1戦闘航空団第I飛行隊は、新編の飛行隊に経験豊富な兵員の中核を提供するだけでなく、「用済み」となったBf109Dの定数分すべてを供給する立場にあった。第21戦闘航空団第I飛行隊(I./JG21)と名づけられた新編の部隊は、ケーニヒスベルクに約16km寄ったグーテンフェルトへ7月24日に移動する前、最初の数日間は第1戦闘航空団第I飛行隊とともにイェーザウに駐留していた。多分2つの飛行隊の「母子

Bf109の出現は、ドイツ空軍戦闘機隊において所属部隊名の秘匿を旨とする新時代の到来を告げた。1939年初夏にイェーザウで昼の陽光を浴びているヴォルデンガ大尉のBf109Eは、風防の下に記入された飛行隊章でかろうじて所属部隊がわかる。胴体後部の白丸は軍事演習の一時的なマーキングと信じられている。キャノピーを開け、エンジン始動用クランク(飛行隊章の前方でカウリングから突き出ている)が差し込まれているところから、次の緊急発進演習はそんなに先のことではない。

第1戦闘航空団第I飛行隊（1939年5月1日に第131戦闘航空団第I飛行隊を改称）の地上要員が、ベルンハルト・ヴォルデンガ自らが考案した、チュートン騎士団の十字軍の楯に基づく飛行隊章の巨大な複製を掲げているところ。

の絆」によると思われるが、第21戦闘航空団第I飛行隊長マルティーン・メティヒ少佐は、第1戦闘航空団第I飛行隊の記章ときわめてよく似ており、色だけ異なるマークを飛行隊章に選んだ（本シリーズ第35巻「第54戦闘航空団グリュンヘルツ」を参照のこと）。

　ミュンヘン協定による譲歩はヒットラーの欲望を一時的に満たしたかもしれないが、さらなる領土拡張を熱望する彼を満足させるには程遠かった。1939年3月にヒットラーは残されたチェコスロヴァキア全土も支配した。今や彼はポーランドに矛先を向け、今度は武力に訴えることに決めた。8月中にドイツ国防軍三軍はすべて、来たるべきポーランドとの戦争に備え、部隊を臨戦態勢へ移行し始めた。

　この当時、ドイツ空軍の基本方針は、Bf109を運用する部隊は純粋に防衛目的のためドイツ本土に止めて置き、残った新式の双発Bf110駆逐機——過大な期待が寄せられていた——が実際の攻撃任務を担い、敵と戦うというものであった。

　その結果、1939年8月中旬にヴォルデンガ大尉は指揮下の3個中隊をイェーザウから、さらにわずか南方の防衛線へ展開する命令を受けた。それはバルト海沿岸に近いハイリゲンバイルから中央のシッペンバイルを経由し、ポーランド国境からわずか30km程度しか離れていないアリス-ロストケンに至る、東プロイセンの幅いっぱいに引き伸ばされたものだった。

ポーランド侵攻

　9月1日早朝に始まったドイツの侵攻に対するポーランドの反撃を迎え撃つため、第1戦闘航空団第I飛行隊が待機していたのはそうした3カ所の飛行場だった。しかし予想された敵の反攻は実現に至らず、ポーランド空軍は東プロイセン空域へ散発的に侵入したにすぎない。同国空軍機はドイツ国防

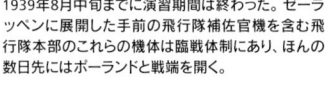

1939年8月中旬までに演習期間は終わった。ゼーラッペンに展開した手前の飛行隊補佐官機を含む飛行隊本部のこれらの機体は臨戦体制にあり、ほんの数日先にはポーランドと戦端を開く。

軍の機械化部隊先鋒との戦闘にほぼ全面的に忙殺されていたが、先鋒は数時間以内にポーランド国内深くまで、すでに侵攻していた。開戦3日目にポーランド軍爆撃機搭乗員がケーニヒスベルク爆撃の許可を懇願した時、上官たちがその要望を黙殺したため彼らは「あわや反逆」！　の状況になったと伝えられる。

　ポーランド戦で第1戦闘航空団第Ⅰ飛行隊が果たした役割と与えた打撃は、それゆえ最小に止まった。敵機は1機も撃墜できず、唯一の損害は友軍の対空砲火で軽傷を負った第2中隊のパイロット1名だけであった。その関与はやはり短期間で終わった。ポーランド国境により接近した前線飛行場と、国境をわずかに越えて新たに占領した敵領内のひとつに短期間展開した後、9月5日に第1戦闘航空団第Ⅰ飛行隊はイェーザウに戻り始めた。

　東プロイセンの防衛についていえば防衛戦力は無理に使われなかったかもしれないが、英仏両国が1939年9月3日にドイツに宣戦布告し、帝国に対する空からの遙かに大きな潜在的脅威が明らかとなった。少なくともベルリンにあるドイツ空軍最高司令部はそのように考えた。少佐に進級したヴォルデンガの3つの中隊がイェーザウに戻るや否や、北西ドイツへ部隊を移動せよという命令が届いた。

　1939年晩夏まで、ドイツ空軍の戦争準備と臨戦態勢は西側連合国が信じるよう仕向けられた程度には到底及ばなかった。ドイツの巧みなプロパガンダは第三帝国の空軍兵力をすべてに強力な軍隊であると喧伝していた。しかし実際はいくらか違っていた。たとえば四分割されたドイツの北西部――長さが約1000kmに及ぶ陸地と海の国境線をもつ広大な地域――を担当する第2航空艦隊は、わずか1個戦闘航空団（第26戦闘航空団）しか保有していなかった。

　開戦に向けて、北西ドイツにおけるドイツ空軍戦闘機兵力を増強する措置がすばやく取られた。9月21日、「最緊急」と印された命令がブラウンシュヴァイク（の第2航空艦隊司令部）から発せられた。それによると、シュレスヴィヒ‐ホルシュタイン州ノイミュンスターを基地とする2番目の戦闘航空団を即座に実戦体制にもっていくことが命じられた。

　結局、航空団本部が実戦体制へ完全に移行する前に空軍最高司令部からきた取消し命令で、基幹組織は――すでに第27戦闘航空団（JG27）と公式には呼ばれていたが――第77戦闘航空団本部（Stab./JG77）と名称を変更された。

　10日後、第2陣の一連の命令によって門出はまったく新たなものとなった。1939年10月1日、新編成の第27戦闘航空団本部（Stab./JG27）と同第Ⅰ飛行隊（Ⅰ./JG27）はともにミュンスター-ハンドルフで公式に活動を開始した。

座り込み戦

　第27戦闘航空団の初代航空団司令に選ばれた人物は、マックス・イーベル中佐だった。1896年生れのイーベルは第一次大戦に志願兵として参戦し、護衛連隊の特別な火焔放射器分隊（Garde Res. Pi. Reg. 1）に移る前はバイエルン工兵連隊の将校として「ソンムの戦い」に加わった。後に彼もまたソ連のリペーツクにあったドイツ空軍の秘密訓練施設の卒業生となったが、それは1934年にシュライスハイムでドイツ空軍最初の戦闘機パイロット訓練学校を立ち上げる任務で、まちがいなく役立った経験である。イーベル中佐は

第27戦闘航空団の初代航空団司令は43歳で第一次大戦の古兵、マックス・イーベル中佐である。この写真で彼は右から2番目におり、大佐に昇格後、そして英国本土航空戦の最盛期に授与された騎士十字章を着けて、何やら熱心に議論している。マックス・イーベル准将（退役）は1981年3月に85歳で亡くなった。

第27戦闘航空団の指揮をとる前は第3戦闘航空団司令を務めていた。

イーベルが率いる第27戦闘航空団本部と一緒にハンドルフ基地に駐留していたのは彼の唯一の飛行隊、第27戦闘航空団第I飛行隊である。同飛行隊は有能なヘルムート・リーゲル大尉が指揮しており、彼は以前はヴェルダー／ハヴェルの空軍軍事大学の職員だった。

ドイツ空軍の戦争準備不足を示すもうひとつの例は、指揮下に入るべき航空団本部をもたず、未だ半自立的に作戦していた独立の戦闘飛行隊（戦闘中隊も）が比較的多いということだった。いったん宣戦が布告されると、ドイツ戦闘機隊の戦闘序列でこれらのいわゆる「孤児」飛行隊を既存の航空団本部に割り振る、というある程度の画一化の導入が試みられたが、結果的にはその中のどれひとつとして3個飛行隊規模には達しなかった！

イーベルの第27戦闘航空団本部と唯一の隷下飛行隊は明らかにそうした簿外戦力編入先の候補であり、新たに彼の指揮下に入った2個戦闘飛行隊はともに以前は遠く東プロイセンに駐留していた、第1戦闘航空団第I飛行隊と第21戦闘航空団第I飛行隊である。

リューベック-ブランケンゼーに10日間足止めされたものの、ヴォルデンガ少佐の第1戦闘航空団第I飛行隊のBf109Eは、9月15日までにオスナブリュック北方のヴェルデンに飛来した。1カ月後、マルティーン・メティヒ少佐率いる第21戦闘航空団第I飛行隊のBf109Dは、ドルトムント-エムス運河に近接したプラントリンネに到着した。これは10月中旬までに、イーベル中佐率いる「航空団」の3個飛行隊は弧を描いた密な防衛線、つまりその正面に中立国オランダを、背後に北ドイツの平坦な地域が控える境界に配置されたことを意味した。

西部戦線のこの地域では、もっと南方の独仏国境に沿って秋の数カ月間に突発したような戦闘機同士の定期的な小競り合いこそなかったが、英空軍

きびしいポーランド戦を生き延びたエルンスト・シュルツ軍曹は、1939年11月にヴェルデンで「座り込み戦」(ジッツクリーク)の典型として、愛機「黄色の6」の主翼に根気よく座り、展開命令を待っている。未来の砂漠戦エクスペルテで同姓のオットー・シュルツと間違わないこと。第1戦闘航空団第3中隊のエルンスト・シュルツは1940年9月18日にケント州上空で撃墜される。

偵察機の侵入が時々認められた。それらは通常ブレニム爆撃機で、その搭乗員たちは北海を横断して接近するか、あるいはもっと頻度は少ないが中立国ルクセンブルグの最南端を迂回してくることで、オランダの中立に形式ばった敬意を払っていた。

　第1戦闘航空団第I飛行隊がヴェルデンに到着してから2週間と経たずに、そうした最初の侵入機のうち1機がはじめて同飛行隊によって撃墜された。9月28日、クラウス・ファーバー曹長は英国駐留の第110飛行隊のブレニムMkⅣを撃墜、それはオスナブリュック地区の偵察に送り込まれた機体だった。3日後の10月1日、第1戦闘航空団第2中隊長ヴァルター・アードルフ中尉は2機目(やはり英国駐留の第139飛行隊)のブレニムMkⅣをパーダーボルンの東で撃墜した。

　その月が改まる前にもう2機、どちらもフランス駐留のブレニムMkⅠを元東プロイセンにいた飛行隊が落とした。10月16日、第1戦闘航空団第3中隊のハンス-フォルカート・ローゼンボーム少尉がヴェーセル-ボホルト間を結ぶ鉄道の偵察を試みた第57飛行隊機を撃墜した。

　記者がローゼンボームを取材し、彼の戦闘談話が2日後に何紙かの地方新聞に載った。高度約3000mの上空を通過する侵入機を捕捉するため、いかにして離昇したかを語った後、ローゼンボームはたなびく雲の中に降下し逃れようとした敵機の様子を説明した。

　「私は敵機よりもっと鋭く降下した。そして連なった雲から出た時、私はすぐ上から敵機が現れるのを見つけた。敵機はすぐにもっと低空へ降下し、それからほとんど描写できないような荒々しい追跡が始まった。その英国人は大変有能で賢く、臨機の才を備えたパイロットだった。彼は逃げようとしてあらゆる地形の起伏、生け垣、溝、建物を利用した。彼は木立ちの間に身をかわした。後尾に接近した時、空を背景にちぎれた木の先端が浮かび上がり、木の葉がいくつか空中を舞うのを私は目撃した(事実、英空軍パイロットはつかの間、高度の判断を誤り木の梢を刈り取ってしまい、ブレニムの透明な機首がつぶれて、左エンジンが停止する羽目に陥った)。

　「彼が屋根のひとつふたつにぶつかるのを私は半ば期待していた。それというのも我々はどちらも時々は地上からわずか2mあたりを飛行していたからだ。そして彼が障害物をよけるため少しだけ高度を上げるたびに、私は彼のポンコツ飛行機に一連射をお見舞いした(ブレニムの搭乗員のひとりはこれ

を『錆びた釘をいれた金属缶を誰かが揺するような』騒音に例えた)」

「逃げ切れるはずがなかった」とローゼンボームは続ける。

「ついに最後の一斉射撃で、私はそのパイロットがジャガイモ畑に胴体着陸するのを見た。煙を吐いていたブレニムが炎に包まれた時、3名の搭乗員全員が飛び出してきた」

それから正確に2週間後、ハインツ・ランゲ少尉が第18飛行隊のブレニム1機をメッペン近くで撃墜し、今度は第21戦闘航空団第I飛行隊の手柄となった。未来の騎士十字章佩用者ランゲにとって、それは先に述べた他の3名のパイロットと同様に初めての撃墜であった。彼は第51戦闘航空団(JG51)「メルダース」の航空団司令として戦争を終えることになる。

このブレニム4機の撃墜だけがイーベル率いる部隊の開戦以来8カ月間(「まやかしの戦争」(Phoney war)。ドイツでは「座り込み戦」(Sitzkrieg)として知られる、交戦が比較的不活発な時期であった)の戦果である。急速に悪化する天候──1939年から40年にかけての冬は、その地方で知られる限り数年間で最も荒れた天候だった──は、作戦規模と出撃機数の両面にわたってすぐに顕著な影響を及ぼし始めた。

したがって以後数カ月間は通常より高い比率で事故が発生し、そのうちの4件で死亡者が出た。その結果、第27戦闘航空団は支配下の他の飛行場に一時的に移動した。

冬のまったただ中の1939年11月から1940年1月まで、イーベル中佐の権限は一時的に拡大し、さらに2個飛行隊を指揮下に収めた。第2教導航空団第I(戦闘)飛行隊(I.(J)/LG2)は元来は試験・評価部隊の一部であったが、今やBf109Eを使った通常の戦闘飛行隊として、ギムニヒとブーツヴァイラーホフを含むケルン周辺の飛行場に短期間だけ展開していた。第126戦闘飛行隊は第26駆逐航空団第III飛行隊(III./ZG26)の現下の仮名で、未だBf110が配備されていないこの駆逐機部隊は間に合わせにBf109Dを運用して、当初はベニングハルト、それからリップシュタットに駐留した。どちらの飛行隊も第27戦闘航空団の指揮下にあったこの短期間にまったく撃墜戦果をあげず、知

1940年初めまでに第27戦闘航空団の戦闘機には、ヘルブラウ(ライトブルー)を使った新しい制空迷彩が現れ始めた。この機体は第27戦闘航空団第I飛行隊長ヘルムート・リーゲル大尉の乗機で、彼もまた英国本土航空戦において英空軍戦闘機の餌食となる。小さな戦前形の胴体十字標識をまだつけているところから、おそらく新迷彩に塗り直す前はダークグリーン迷彩だったと思われる。

標準の国籍標識と迷彩の分割位置が前頁の機体よりかなり上に寄っているが、この第27戦闘航空団第2中隊機は最近工場から供給されたばかりのヘルブラウ迷彩のようだ。1940年最初の数カ月間にマックス・イーベル配下の飛行隊が経験した数多くの事故のひとつである、「赤の12」のこの惨めな状態を引き起こした原因は不明──アンテナ支柱直前の後部キャノピー上に危なっかしく置かれたワイン瓶とは何の関係もない、のであればよいのだが。

る限り何の損害も受けなかった。

　1940年2月──この時までに第27戦闘航空団本部、同第I飛行隊、それと第1戦闘航空団第I飛行隊はクレフェルトに集結し、第21戦闘航空団第I飛行隊は近くのミュンヘン-グラードバハにいた──何人かの指揮官交替が実施された。元東プロイセン駐留の2つの飛行隊から、どちらも永らく飛行隊長を務めた人物が去っていった。第21戦闘航空団第I飛行隊のメティヒ少佐は新編の第54戦闘航空団本部(Stab./JG54)の指揮をとるため離任し、後任にはそれまで第77戦闘航空団第1中隊長を務めていたフリッツ・ウルシュ大尉が着任した。第1戦闘航空団第I飛行隊のヴォルデンガ少佐は戦闘機隊査察局の幕僚職に栄転した。彼の後任はそれまで第27戦闘航空団本部付副官を務めていたヨアヒム・シュリヒティング大尉だった。

　これはイーベル中佐が新たな副官を必要とすることを意味した。その職に着任した士官があのアードルフ・ガランド大尉である。情熱的な戦闘機パイロットであるガランドはスペインのコンドル部隊に勤務していたことがあり、第88戦闘飛行隊第3中隊長に任じられた。しかしそこでは飛行隊の他の中隊がBf109への機種改変に忙殺されていた時、ナショナリスト地上軍の支援に当たるため、ハインケルHe51(旧式な複葉機で、その時までには交戦相手の共和国政府軍最新鋭機に圧倒されていた)を使い続けるよう命じられ、これはまったく彼の気に入らなかった。

　そしてガランドの徹底した行動は彼自身の不利益の元となった。彼が発

西方で電撃戦直前の1940年5月、ギムニヒで第1戦闘航空団第I飛行隊の「エーミール」3機がテント製ハンガーの外で整備を受けている。詳しく調べると、左端の機体はまだ、ポーランド戦で生じた地対空識別問題により導入された、翼弦いっぱい(着陸用フラップまで延びた)に記入された巨大な黒十字をつけている。

展、完成させた低空攻撃・対地支援戦術全体がきわめて成功したため、彼はスペインから戻った後に戦闘機部隊への復帰を許されなかった。その代わり、「地上攻撃専門家」だと認められてしまった彼は、ドイツ空軍唯一の地上攻撃部隊、Hs123装備の第2教導航空団第II（地上攻撃）飛行隊（II(Schl)/LG2）に着任した。

　同飛行隊の第5中隊長として、彼はポーランド戦の期間中は対地支援任務を遂行した。しかしもう沢山だ！　ガランドは友人の医師に、開放式操縦席［Hs123は風除け（ウインド・シールド）だけで天蓋（キャノピー）を備えていなかった］でさらに飛行するには適さない、と宣告し違法行為を黙認してくれるように頼んだ。この医学的「根拠」で武装して、戦闘機乗りの部隊に復帰できる道がついに開けた。アードルフ・ガランド大尉が第27戦闘航空団本部付副官に任じられたことは、ドイツ空軍戦闘機隊総監という彼が選択した職業の頂点に至る昇進への確かな道筋をつけることになる。

　1940年2月までに、ようやく2番目の飛行隊が第27戦闘航空団の公式編制に追加された。しかし、その第27戦闘航空団第II飛行隊が実際にイーベル中佐の指揮下に入ったのは数ヵ月経ってからである。

　エーリヒ・フォン・ゼーレ大尉の一時的な指揮下の下、1月第1週にマクデブルク-エストで編成された第II飛行隊は、2月中旬にベルリン郊外の西にあたるデベリッツに移動した。ヴェルナー・アンドレス大尉（元第3戦闘航空団第1中隊長）の指揮する同飛行隊は、ベニングハルトとエッセンに短期間だけ派遣された二度の不在を除き、春までドイツ首都防空戦力の一翼を担った。

　この期間中に第27戦闘航空団第II飛行隊は最初は第3戦闘航空団（JG3）の、その後は第51戦闘航空団（JG51）の指揮下に入った。そして5月初めに西方に戻り、第4、第6中隊はヴェーゼルへ、第5中隊がベニングハルトに展開したのは、第51戦闘航空団本部の指揮下にあった時である。ドイツ軍は今度こそフランスと低地諸国［オランダ、ベルギー両国のこと］へ本格的に侵攻するため、集結し始めた。

　一方でイーベル中佐の航空団もまた、西方の電撃戦で発進基地に予定されていた飛行場に展開していた。ミュンヘン-グラードバハで第27戦闘航空団本部、同第I飛行隊には第21戦闘航空団第I飛行隊が加わった。その一方で、第1戦闘航

フランスに侵攻する直前、第27戦闘航空団第I飛行隊は後の展開を予知したかのように、今日有名な「アフリカ記章」を記入し始めたが、最初は第2中隊で導入された（カラー図版6を参照）。これらの機体は英国本土航空戦の最中にブルムストートで撮影された飛行隊本部機である。

空団第I飛行隊はケルンの南西にあるギムニヒから約45km離れた場所に展開した。

ミュンヘン-グラードバハで男爵ヴォルフラム・フォン・リヒトホーフェン将軍が第27戦闘航空団第I飛行隊に隊旗を贈ったのは、1940年4月9日のことである。儀礼行進に続くフォン・リヒトホーフェンの訓示には以下の言葉が含まれていた。

「任務の遂行は個人の目的成就を意味するにあらず、公益への奉仕を意味す」

こうして第27戦闘航空団にとって真の戦火の洗礼を受ける舞台は整った。

chapter 2
フランスの戦いと英国本土航空戦
battles of france and britain

西方戦役

1940年春に実施された西部への侵攻は、前年秋にポーランド国防軍の大半をわずか18日間で粉砕した電撃戦の再演となるべき作戦だった。

対ポーランド電撃戦で運用された兵力で最重要要素のひとつが、主として

マックス・イーベル配下の戦闘機とフォン・リヒトホーフェン少将の第Ⅷ航空軍団との緊密な協調関係を示す一葉。飛行場で第1戦闘航空団第1中隊の「白の15」が整備を受けているそばに、第2教導航空団第Ⅱ(地上攻撃)飛行隊のHs123がいる。同飛行隊は当時ドイツ空軍唯一の地上攻撃飛行隊だった。ポーランド戦役の期間中にアードルフ・ガランドが勤務していた部隊でもある。

左頁下●西方で電撃戦が始まるまでに第1戦闘航空団第1飛行隊もまたマーキングを変更し、幹部記号も機体番号も胴体からエンジン・カウリングに移った。この他に例を見ない試みは、ギムニヒで戦役最初の数日間に木の下に駐機している飛行隊本部の2機でよくわかる。すばやく離陸するため、またもやエンジン始動ハンドルが差し込まれているが、今やそれは現実的な意味をもつ!

Ju87急降下爆撃機シュトゥーカから成るフォン・リヒトホーフェン少将の特別任務空軍部隊司令部(Fliegerfüher z.b.V.)だった［空軍では既存の部隊編制から外れた、新たな目的あるいは用途に応じた臨時編成の部隊名称に「特別任務」を冠して運用することがよくあり、この場合は陸軍の第10軍に対する近接支援にあたる部隊だった］。1個爆撃航空団のドルニエDo17Z双発爆撃機が増強されて航空軍団(Fliegerkorps)規模に増強されて以来、フォン・リヒトホーフェンの「空飛ぶ砲兵」は、来たるべき侵攻作戦で北縁に沿った中立国ベルギー、オランダの国境防衛に当たっている、恐るべき一連の守備軍を打破するために使われる予定の打撃力を構成した。

西部戦線の敵戦闘機戦力はパイロットにとって、ポーランド軍相手の時よりも遙かに大きな危険であろうことが認識されており、フォン・リヒトホーフェンの司令部には防衛専門の戦闘機部隊も配備された。これはイーベル中佐配下の3個飛行隊に委ねられた任務だった。しかし最初に彼らは多分もっと重大な別の役割を、低地諸国とフランスに対する侵攻作戦の最初の局面、「黄色作戦(ファル・ゲルプ)」が発動されて数時間内に演じた。

1940年5月9日夜の2155時［午後9時55分、以下時刻の表記は同様］に、ミュンスターの第2航空艦隊司令部から簡明な命令が発せられた——「0535時に決行」。

1940年5月10日から実施された西部戦線の電撃戦は、実際には0510時にアーヘン北方のドイツ国境を越え始めた何波にも及ぶユンカースJu53/3m輸送機——その一部は降下猟兵を乗せ、他はグライダーを曳航していた——を先鋒として始まった。

脆弱な三発輸送機が与えられた目標に向かい唸りを発して飛行していた時、その目標には北辺防衛の急所でおそらく難攻不落のベルギー軍のエバン・エマエル要塞も含まれていたが、マックス・イーベルの第27戦闘航空団のBf109Eにぴったりと護衛されていた。いったん、破壊的な積荷を送り届けると、新手の兵員と補給物資を再度積み込み運ぶため、Ju53/3mはすぐにケルン周辺の基地に舞い戻った。こうしたことがその日一日中続いた。

当初のJu53/3m護衛任務を大過なく務め上げてから第27戦闘航空団の3個飛行隊は、フォン・リヒトホーフェンの爆撃機を護衛する、という本来の任務に注意を向けた。その任務では、ほとんど無防備なJu53/3mを護衛する場合と同じ近接護衛の形態は必要としなかった。その代わりにイーベル配下のパイロットたちは、アーヘン西方の敵領土内上空の広大な地域で制空権を獲得し、それを保持するよう命じられていた。これは、その背後で第VIII航空軍団のユンカースJu53/3mやドルニエDo17Zが、比較的安全に作戦できる航空緩衝地帯を生む効果が期待できた。
　この命令の履行は、第27戦闘航空団と支配下の飛行隊を戦役最初の戦闘へと導いた。西部戦線の電撃戦初日に、全パイロットの中で最初に撃墜を記録したのは第21戦闘航空団第I飛行隊長のフリッツ・ウルシュ大尉である。彼は0718時に1機のベルギー軍機(ファイアフライ、フォックス、あるいはバトルともいわれている)をサン-トロン上空で撃墜した。それから約2時間半後の1000時直前に第27戦闘航空団第I飛行隊が小競り合いに加わり、ハインリヒ・ベッヒャー軍曹とエルヴィーン・アクステルム少尉がティレルモン地区でベルギー軍のグラジエーターをそれぞれ1機ずつ撃墜した。午前のもっと遅い時間に第21戦闘航空団第I飛行隊は、トングレ上空で第27戦闘航空団第I飛行隊よりも1機多い3機のグラジエーターを撃墜した。
　その日の終わりまでにエバン・エマエル要塞を制圧し、アルベール運河に架かる重要な橋も奪取して、ドイツ地上軍は西方に向かいベルギー、オランダに殺到した。
　5月11日に第1戦闘航空団第I飛行隊は12機以上の連合軍機を撃墜し、電撃戦で戦果をあげ始めた。第27戦闘航空団の未来の受勲者2名、ルートヴィヒ・フランツィスケット少尉とエーミール・クラーデ軍曹はともにこの日に初撃墜を記録した。2人とも早朝の出撃でグラジエーターを1機ずつ、さらに夕刻半ばにフランス軍のモラヌ-ソルニエM.S.406 1機ずつの戦果を追加した。そしてもっと成功したのは第1戦闘航空団第1中隊長のヴィルヘルム・バルタザル大尉で、早朝のマースリヒト近くでの戦果グラジエーター7機のうち3機を撃墜し、夕方に撃墜したM.S.406の3機目も彼の戦果であった。
　一方、第27戦闘航空団の未来の騎士十字章佩用者2名、ヴォルフガング・レートリヒ、ゲーアハルト・ホムートの両中尉はそれぞれ第1中隊長、第3中隊長に最近任じられたばかりだったが、やはり初撃墜を記録した。レートリヒの犠牲者はトングレ近くで0740時に撃墜した(おそらくベルギー軍の)バトル1機で、一方ホムートが午後遅くにディーストの南西で撃墜した1機のブレニムは、アルベール運河に架かる橋の攻撃に差し向けられた、イギリス本土のワッティシャムを基地とする第110飛行隊機であることはほぼ確実だ。
　当該地区に英仏軍機が出現したことは、北方の戦線で増大しつつある脅威を連合軍が深刻に受け止めていた証左である。1914年のシュリーフェン計画、帝政ドイツ陸軍が中立の低地諸国を通って強烈な打撃を放った西方での攻勢の再現を恐れ、1940年当時の司令官たちはどんな犠牲を払ってでもドイツ国防軍を押し止めることを決定した。
　ドイツ軍が進撃するにあたって進路上で最も脆弱な地点は、マースリヒト西方のアルベール運河に架かる2つの残った橋が生む隘路だった。もしこれらが破壊されたら、ドイツ国防軍の進撃には重大な妨げとなるであろう。連合軍爆撃機は総力をあげて橋を攻撃するよう命じられた。しかし、5月11日

1940年5月12日、第27戦闘航空団第2中隊長ゲルト・フラム中尉は最初の3機を撃墜した。マースリヒト上空で撃墜したブレニム2機とハリケーン1機である。この写真は彼が功1級鉄十字章を授与されるところ。フランス戦終結時、フラムとゲーアハルト・ホムート中尉は連合軍機9機を撃墜し、第27戦闘航空団第I飛行隊の先頭を行く記録保持者となった。

の攻撃は3日後に敢行されることになる攻撃と比べると規模がずっと小さかった。そしてこの時までに、ドイツ軍はヴローンホーヴェンとヴェルドウェゼルトの2つの橋がきわめて重要なことを連合軍と同様に認識しており、丸二日かけて対空砲で取り囲んだ防御陣地を2つ構築した。

英空軍爆撃機の搭乗員が超人的かつ自殺行為に近い勇敢さを見せたにもかかわらず、橋は無傷のままだった。20mmと37mm対空砲の濃密な組み合わせに、獲物へと襲いかかるドイツ空軍戦闘機が加わり、攻撃側に大恐慌を引き起こした。その日の戦闘が終わるまでに、英空軍飛行隊のいくつかは事実上壊滅した。

第1戦闘航空団第I飛行隊は5月11日に10機を撃墜した。すべて双発のブリストル・ブレニムで、それには第1戦闘航空団第2中隊長ヴァルター・アードルフ中尉の3機、伯爵エルボ・フォン・カーゲネク少尉の（わずか2分間で立て続けに落とした）2機、それとヨアヒム・シリング飛行隊長の戦果1機が含まれていた。

第27戦闘航空団第I飛行隊の撃墜戦果は9機だった。内訳はブレニムが4機、ハリケーンが4機、さらにフェアリー・バトルが1機だった。それは同航空団がこの日撃墜した唯一のバトルで、オットー・ザヴァリッシュ曹長にとっては初撃墜だった。このバトルは、強力な敵に対しほとんど勝ち目がない勇敢な橋梁攻撃で戦死したことで、英国空軍で第二次大戦最初のヴィクトリア十字勲章（英国最高の武功勲章）を授与された搭乗員2名の乗機、第12飛行隊機の可能性がきわめて高い。

こうして第27戦闘航空団第I飛行隊と第1戦闘航空団第I飛行隊が、2つの橋とその周辺で空戦に巻き込まれていた一方で、第21戦闘航空団第I飛行隊はもっと西の空域を哨戒飛行していた。それにより彼らはベルギーの首都ブリュッセル近くでハリケーン4機、ナミュール近くでフランス空軍のカーチス・ホーク1機を撃墜した。

第27戦闘航空団本部シュヴァルム（4機編隊）さえもが空戦に加わり、ハリケーン4機を撃墜した。1機はナミュールとリエージュのほぼ中間にあるユイの近くで航空団本部付技術将校のグスタフ・レーデル少尉が撃墜し、残りはかつてコンドル軍団で「地上攻撃専門家」だった、アードルフ・ガランド大尉の初戦果3機であった。

「リエージュの西方約8kmの高度3500mを哨戒飛行していた時、我々の900m下方にハリケーンの8機編隊を発見した。

「我々はなすべきことを正確に知っていた。過去数カ月にわたって数えきれないほどこうした状況の訓練を重ねてきたため、我々の反応はほとんど自動的ですらあった。我々は急降下に移った。ハリケーン編隊はまだ我々に気づかなかった。私は興奮も、予想していた追跡の熱気も何ら感じなかった。

「この状況ではまだ距離が離れ過ぎていたにもかかわらず、私は射撃し始めた。しかし私の放った弾丸は当たらなかった。その不運な敵はついに何が起

きているかに気づいた。彼はかなり無様な横滑りに入れて、わが僚機の射線上に真っすぐ入った。
「私は照準器の真正面にふたたび捕らえて、二度目の斉射で彼は明らかに操縦不能に陥り、螺旋降下していった。そこで私はサッと散った他のハリケーンをすぐに追尾し始めた。今度の敵は急降下で逃れようとした。そのベルギー軍機は半横転し、雲の切れ間に隠れた。私は彼の後尾にぴったりとついてゆき、今度はきわめて近づいてから攻撃した。彼はほんの一瞬急上昇し、それから失速してわずか450mの高度から真っすぐ地面に向かい急降下した。
「その日午後遅くに哨戒飛行中、ティレルモン近くで3機目のハリケーンを撃墜した」
　この回想から、ガランドは対戦相手がベルギー軍のハリケーンだとその時（そしてその後何年も）信じていたのは明らかだ。実際には、最初の2機ともリエージュ地区で喪失と報告された英空軍の第87飛行隊機だった。ガランドの3機目の戦果は特定が易しくはなかったが、たとえそれが実際にハリケーンだったとしてもやはり英軍機には違いない。
　ベルギー、オランダ上空の熾烈な戦闘にもかかわらず、北辺のこうした作戦はすべて連合軍地上戦力を予め用意された北東フランスの防衛拠点から誘い出すための大規模な陽動作戦の一部であり、その拠点構築に冬中とりかかっていた。彼らが大急ぎでベルギー、オランダ両軍の救援に駆けつけた時に、ドイツ軍は彼らを開けた地域へ追い込むことを意図したていたのだ。1940年の電撃戦はその最初から1914年のシュリーフェン計画とは相違を見せ始めたのだ。
　今回はドイツ国防軍の攻撃主力は南から進撃し、フォン・クライスト戦車軍団の5個戦車師団はアイフェル／アルデンヌの丘が連なり、木が生い茂った谷間に集結し、注意深く隠されていた。彼らは、まだマジノ線の背後に止まっていたフランス陸軍本隊と、ベルギー軍支援のため前進を命じられた北東の部隊——英国大陸派遣軍を含む——との間に開けられた裂け目を広げ、打撃を与えるのが任務だった。
　しかし、フォン・クライストの戦車部隊がアルトワとピカーディの間の開けた平野——海峡沿岸にまっしぐらに進める、戦車運用に理想的な土地——を広く展開し横断する手前を、またマース河（ムーズ河）という大きな水の障壁が塞いでいた。
　5月13日午後、第VIII航空軍団のシュトゥーカはスダンとシャルルヴィル近くのムーズ河主要渡河地点2カ所を越えて、敵の防御陣地を攻撃することを命じられた。彼らには、ボン西方のオーデンドルフから飛来した第27戦闘航空団本部機と、同第I飛行隊機が随伴した。
　5月14日にはさらに多くの連合軍機が一日中、まだ戦略上重要なもうひとつの水の障壁でドイツ陸軍の渡河を止めようと試み、連続攻撃を敢行して多大な犠牲を出した。攻撃はまったくに役立たなかった。夜の帳が下りるまでにムーズ河の戦線に沿って90機近くが——英軍と仏軍がほぼ半数ずつ——撃墜された。
　シュトゥーカの護衛に忙殺されていたため、イーベル配下のパイロットたちは「戦闘機の日」に何も関与していなかった。5月14日のムーズ上空での大殺戮のことをドイツ空軍ではそう呼んだ。そして2つの橋頭堡を築くことに成功した結果は、第27戦闘航空団の歴史に新しい章を開くことになった。同航空

団は電撃戦の真の意味、強撃だけでなく、速やかな進軍もまた初めて経験することになる。

　5月16日、第VIII航空軍団は、英仏海峡をまっしぐらに目指すフォン・クライスト戦車軍集団を引き続き支援するように命じられた。その月の残りの日々、イーベルの3個飛行隊は——5月13日以降は4番目の第51戦闘航空団第I飛行隊の一時的な追加で増強されたが——戦車部隊の先鋒と足並みを揃えるため、常に抜きつ、抜かれつ前進していた。この期間中、一部の部隊は基地を最大6回も変える経験をし、いくつかの飛行場にはほんの数時間しか止まらないこともあった。

　この戦況の推移による困難があったにもかかわらず、個人戦果、部隊戦果とも急速に増加した。アードルフ・ガランド大尉は5月16日にスピットファイア1機をリール南方で撃墜したと報じたが、それは今日では第85飛行隊のハリケーンだと信じられている。おそらく、機種識別にもっと熟達していたのは第27戦闘航空団第I飛行隊のパイロットたちで、その日ブリュッセル地区で彼らはハリケーン4機とライサンダー1機を撃墜、と報告書に記載した。4日後、彼らの飛行隊長ヘルムート・リーゲル大尉が初撃墜を記録した。ランス北西でフランス軍のM.S.406戦闘機を落としたのである。それは、第27戦闘航空団がこの先何日も何週間も遭遇するであろう、増加し続けるフランス空軍機の中の1機だった。

　しかし空戦の増加に伴い、必然的に損失の増加も免れなかった。5月16日にシャルルヴィルに移動して以来、第1戦闘航空団第I飛行隊は敵機9機の撃墜戦果を追加した。5月20日にアミアン上空で同部隊はさらに3機を撃墜した。ポテーズ63を1機とM.S.406を2機である。しかし、モラヌとの格闘戦は犠牲なしでは済まず、第3中隊のホルスト・ブラクサトール少尉を失った。彼は同航空団にとって開戦以来最初の戦闘による人的損失となった。

　3日後、第1戦闘航空団第I飛行隊はまたも激しい空戦に巻き込まれた。今度はアラスの東でハリケーンが相手だった。同飛行隊は英空軍機6機を撃墜した（そのうち3機はバルタザル大尉ひとりの戦果で、これにより通算撃墜数は二桁に達した）が、2人目の人的損失も被り、第1戦闘航空団第2中隊のパウル・ヴィトマー軍曹を失った。

　同じ5月23日に第27戦闘航空団は初めて英空軍のスピットファイアと本格的に交戦した。第27戦闘航空団第I飛行隊はその英国駐留の（おそらく第

5月17日までに第1戦闘航空団第I飛行隊はギムニヒからシャルルヴィルに進出した。セダン西方にあるこの大きな飛行場は、ドイツ空軍の戦闘飛行隊がフランスへ侵攻を始めた時、それらの多くにとって最初の発進基地となった場所である。この写真は、フランス空軍のポテーズ63.11と思われる燃え尽きた残骸に囲まれた、第1戦闘航空団第2中隊の「黒の13」。

92飛行隊の）戦闘機をダンケルク-カレー地区上空で3機撃墜したが4機を喪失、パイロット3名が捕虜となり1名が戦死した。

この時までに「黄色作戦」は最高潮に達しつつあった。ドイツ軍戦車の先頭はすでにソンム河口近くの海峡沿岸に到達し、オランダは降伏し、ベルギーもすぐに先例に倣うであろう。そして英大陸派遣軍は撤退の準備をしていた。

5月26日に英軍部隊の第1陣がダンケルクの浜から引き揚げた。その日、第1戦闘航空団第I飛行隊はカレー港を爆撃するシュトゥーカの護衛をふたたび務めたが、その時のことを後に伯爵エルボ・フォン・カーゲネク少尉が述べている。

「爆弾を満載したシュトゥーカがカレーを目指して我々の前線飛行場（モンシー-ブルトン）上空を飛行していた時、我々はすでに愛機の操縦席でシートベルトを締め終わっていた。早朝の霧がいくらか残っていたが、天候は理想的だった。背後から朝日を浴び、視界は良好だった。我々はすぐに離陸し、大きく旋回している間に戦闘隊形をとり、じきにシュトゥーカと合流した。いくつかの大きな集団に分かれ、我々戦闘機は両側をゆったりとウィーヴ［常に左右の位置が入れ替わるように縫って飛ぶこと］しながら目標に接近した。目標のわずか手前で正面の戦闘機が警告を発した『前方にスピットファイア！』スピットファイアは非常な名声を博していた。それからすべてが大混乱に陥った。

「鋭く上昇し、きつい旋回に入れ、ぴったりついてゆくと、どれが味方でどれが敵か説明する方法はなかった。離脱し、引き起こす――煙の雲があがり、一連射、それから落下傘。その時バルタザル大尉の聞き慣れた声が無線機から聞こえた。『撃墜！』。そして誰かが『了解、了解！』と、すぐに撃墜を確認した」

実際、同飛行隊がカレー上空で撃墜した4機のうち2機はバルタザルの戦果だった。しかし彼の率いる第1中隊はルードルフ・フォーゲル軍曹を喪失した。彼のBf109は海峡で撃たれて墜落した。

その同じ日に第21戦闘航空団は戦闘による最初の損失を被り、午前中半ばにもっと内陸に入った広い空域でフランス軍戦闘機の大群と散発的に発生した一連の空戦の最中に、カンブレイ上空でフリードリン・ハルトヴィヒ曹長が撃墜された。しかしこの唯一の損失に対し、ウルシュ大尉配下のパイロ

第27戦闘航空団第5中隊に属する「黒の3」が、「黄色作戦」の発動段階に北縁を哨戒飛行している。写真の原版（いくらか損傷があるが）では何とか見えるが、第5中隊の通常の習慣である、黒で記入された機体番号と胴体国籍標識の後ろの赤い横棒（細い黒の縁どりがつく）の組み合わせが確認できる。

ットたちは驚異的ともいえる22機の敵機を撃墜した！

第27戦闘航空団本部と同第Ⅰ飛行隊は、今日歴史的に有名な英軍の撤退中に引き続きダンケルク上空で作戦した。この期間中に彼らパイロットたちは協力してさらに戦闘機を9機と一握りの爆撃機を撃墜した。後者にはおそらく第37飛行隊機と思われるウェリントン2機が含まれており、6月1日の午前に第2中隊によって撃墜された。

この時組織的な変化が進行中であった。ドイツ空軍はフランス侵攻の第2段階にあたる「赤作戦」(ファル・ロート)の差し迫った発動に向け、戦力の移動を始めた。第51戦闘航空団第Ⅰ飛行隊は第27戦闘航空団の指揮下に入っていた間に約24機の撃墜戦果をあげた後、6月1日にその本来の航空団に戻った。それから3日後、第1戦闘航空団第Ⅰ飛行隊と第21戦闘航空団第Ⅰ飛行隊が一時的に他の航空団本部の指揮に入ったため、イーベル中佐から元は東プロイセンにいた長年の付き合いの飛行隊が去っていった。

だが、有効戦力の75パーセントを突然失った代わりに、第27戦闘航空団第Ⅱ飛行隊が第27戦闘航空団本部の指揮下に入ったことを、最終的にマックス・イーベルは歓迎した。

第27戦闘航空団第Ⅱ飛行隊は西方の戦いでそれまでに異なった三つの航空団の指揮下に入っていた。最初は第51戦闘航空団で、電撃戦の戦線北縁に責任を負っていた。同飛行隊最初の14機の戦果はすべて戦役開始3日以内にオランダ上空、それも主にロッテルダム周辺で撃墜した。

ドイツに点在した基地に5月18日まで駐留していた同飛行隊は、そこから飛来してこれらの成功を達成したが、引き換えに1機のBf109を対空砲火で喪失した。それゆえ最初は第26戦闘航空団、それから第54戦闘航空団の指揮下に入り、ベルギーに進撃し、主に爆撃機護衛任務を遂行した。5月最後の日まで更なる撃墜戦果はなく、その日にダンケルク近くで1機のライサンダーを落とした。その後、第27戦闘航空団第Ⅱ飛行隊は同航空団本部の指揮下に入るため、6月5日にギーズ北飛行場に飛んだ。

第27戦闘航空団は6月3日に敢行された、パリ大都市圏の軍事目標に対する大規模な空爆である「パウラ作戦」では、局所的に関与しただけであった。しかしその2日後に「赤作戦」が決行され、ドイツ地上軍がフランス心臓部である南西方面に対し攻勢を始めた時、イーベル配下の3個飛行隊(第1戦闘航空団第Ⅰ飛行隊は短期間だけ第77戦闘航空団の指揮下にあったが、戻ってきた)はすべてソンム河上空で作戦に全面的に関わった。

最初の2日間、フランス空軍は自国の地上軍支援に英雄的に奮戦した。しかし、フランス地上軍はドイツ軍の新たな攻勢の圧力に曝され、すぐに降伏の兆候を示し始めた。6月5日と6日の両日には両軍戦闘機による大規模な空戦が発生した。攻勢初日の夕方にパリ北方で第27戦闘航空団第Ⅰ飛行隊

「黒の3」の姉妹機ともいえる第27戦闘航空団第5中隊の「黒の2」は、5月19日に英空軍のハリケーンと衝突した直後、リール東方に不時着した。連合軍戦線の背後ではあったが、パイロットのヘルムート・シュトロプルは何とか捕虜となるのを免れた。その翌日、今やドイツ側の支配下にある不時着地点に彼は戻り、陸軍のオートバイ警戒部隊員とともに写真に納まった。

撃墜戦果23機に加えて連合軍13機を地上撃破した第1戦闘航空団第1中隊長ヴィルヘルム・バルタザル大尉は、フランスの戦いにおいて最も成功したドイツ空軍戦闘機パイロットである。彼はまた第27戦闘航空団隊員で最初に騎士十字章を受勲している。

は7機のM.S.406を撃墜した。その日の空戦が終わるまでに、第1戦闘航空団第Ⅰ飛行隊は敵機およそ12機を——モラヌが4機、残りは双発爆撃機——撃墜した。それに対し両飛行隊ともBf109を1機ずつ失い、パイロットはどちらも一時的にフランス軍の捕虜となった。

6月6日にも同様な結果が繰り返され、第27戦闘航空団第Ⅰ、第Ⅱ飛行隊は協同してフランス軍機7機を撃墜した。さらに第1戦闘航空団第Ⅰ飛行隊はその倍以上も撃墜するという成功を収めた。彼らの16機(！)の戦果——1機を除きすべてレオ

451爆撃機——のうち、4機はヴィルヘルム・バルタザル大尉が撃墜した。これにより彼の通算戦果は21機に達し、1週間前に第53戦闘航空団第Ⅲ飛行隊のヴェルナー・メルダース大尉がドイツ戦闘機隊で最初に騎士十字章を受勲した際の20機を1機上回った。

6月9日までにはフランス軍の撤退が加速し、同航空団の作戦空域は南方に移動してエーヌ河、マルヌ河に達した。アードルフ・ガランドが第27戦闘航空団本部に属していた間に撃墜した12機のうち、最後の2機は9日の戦果であった。彼はすでに第26戦闘航空団第Ⅲ飛行隊長へ昇進の内示を受けていた。

同じ6月9日、さらに5機のフランス軍機が第27戦闘航空団第Ⅰ飛行隊の撃墜リストに載った。またこの日は、第27戦闘航空団第Ⅱ飛行隊がフランス空軍戦闘機と最後に交戦した日でもあった。ドイツ軍パイロットたちは敵モラヌを4機撃墜したが、自軍の「エーミール」[Bf109Eのこと]も6機失い、パイロット2名が戦死した。ハンス・ジーゲムント、ロタール・ヘットマー両軍曹は大戦

しかし、バルタザルといえどもエンジン故障には勝てなかったようだ。というのもそれが他の点では記録が残っていない、このフランスのトウモロコシ畑へ胴体着陸した原因の可能性が最も高いからだ。正確な日付と場所は不明だが、方向舵に何とか見える撃墜スコアは、この事件が6月の第2週に発生したことを示している。

小規模な損傷こそ被ったかもしれないが、バルタザル大尉の「白の1」はすぐに修理された。これは上の写真と同じ機体だ(カウリング上の番号は強い日光の反射によりほとんど見えない)が、地上要員による花輪で飾られているのはおそらく6月14日の騎士十字章受勲の知らせを祝ってのことと思われる。この機体にたいそう執着していたバルタザルは、1940年8月末に第3戦闘航空団第Ⅲ飛行隊長に任じられた際、この「エーミール」(製造番号1559)も伴って赴任した(本シリーズ第11巻「メッサーシュミットBf109D/Eのエース 1939－1941」を参照)。

以前は英国本土航空戦最中の撮影と考えられていたこの写真は今日、ロワール地方に進撃するドイツ軍を第Ⅱ飛行隊が援護した際、第27戦闘航空団第6中隊のユーリウス・ノイマン少尉が中部フランスのどこかの高空で4機編隊の僚機を撮影したもの、と信じられている。同姓のもっと輝かしい人物（未来の航空団司令、エドゥアルト・ノイマン）とは異なり、ユーリウス・ノイマンはこの写真を撮影した約2カ月後にワイト島で不時着する。彼とは対照的に、僚機の「黄色の10」を飛ばしているフリッツ・グロモトカ軍曹は後に騎士十字章を佩用し、大戦終結時は第9中隊を指揮していた。

開始以来、同飛行隊最初の人的損失という不幸を分かち合うことになった。

それはフランス軍がダイスを転がし勝負に出たほぼ最後の機会であった。空中における勢力は急速に減衰していった。それでもまだフランス軍機12機——主に単発機——が撃墜された。しかし大体において、戦役終盤の2週間にイーベル配下のパイロットたちは決まりきった哨戒飛行か、対地支援任務のため出撃して過ごした。

しかし、まだフランスに残存し作戦していた英空軍攻撃部隊による、慌ただしい最後の動きがあった。6月13日に第27戦闘航空団第Ⅰ飛行隊はパリ南東のセーヌ河付近でバトル6機を撃墜し、同第Ⅱ飛行隊が7機目を撃墜した。その日には第1戦闘航空団第Ⅰ飛行隊もまた同じ地域で英国基地からのブレニム2機とフランス軍機2機を撃墜した。

フランス軍機うち1機（ポテーズ63）と英空軍爆撃機の1機はヴィルヘルム・バルタザル大尉の戦果で、撃墜数は23機に達した。その結果、彼は騎士十字章を手にした。こうして第1戦闘航空団第1中隊長はこの一流の勲章を受章した2人目の戦闘機パイロットとなった。事実、バルタザルはその偉業

巧みに胴体着陸したもう1機は日時、場所だけでなく、事故を起こした当人の名前もはっきりとはわからない。唯一の手がかりは国籍標識後方の横棒の長さ。これは第27戦闘航空団本部機に記入された代表的なマーキングである。それ故、この機体は英国本土航空戦（斑点迷彩と黄色に塗られたカウリングに注目）期間中の何時か、マックス・イーベル中佐自身による国内飛行中にいくらか威厳を損なう最後を迎えたのかもしれない。

により西方戦役で最も成功したパイロットとなり、撃墜戦果23機だけでなく、地上撃破も13機を記録していた。

バルタザルの地上撃破の多くは6月17日の戦果に違いなく、この日、第1戦闘航空団第I飛行隊はシャトールー飛行場に地上掃射を敢行し、フランス軍機35機を破壊した。この成功の繰り返しを期待して、翌日に同飛行隊は同じ飛行場へ舞い戻ったが、今度はハンス・ブラント、フリッツ・シュターン両軍曹を乗機Bf109の空中衝突で失った。

これはイーベル配下の飛行隊が西方の電撃戦期間中に被った最後の損失であり、同じ日にカーチス・ホーク75を撃墜したのが最後の戦果となった。

翌日、イーベルの部隊は2つに分割された。彼の航空団本部と第1戦闘航空団第I飛行隊はセーヌ河南方空域の哨戒飛行を命じられた。一方、第27戦闘航空団第I、第II飛行隊はロワール河に向けフランス軍を追撃するドイツ地上軍とともに南に向かった。

どちら側もこの戦役最後の週に特筆すべき戦闘は経験しなかった。6月17日にフランスのペタン元帥は講和要請を初めて放送した。5日後にコンピェーニュでそれは署名され、6月25日0035時に全面的休戦が発効した。

その当時は誰も気づかなかった事実であるが、これは第27戦闘航空団のパイロットたちにとって、彼らの全歴史を通じて参加した作戦での大勝利のひとつを経験したところだったのだ。

英国本土航空戦

もしフォン・リヒトホーフェンのシュトゥーカ隊がポーランド、フランスの両戦役できわめて重要な役割を果たしたのだとすると、次なる敵、大英帝国に対する攻勢で先鋒の任務を負わされたのは、何の不思議もないだろう。

第VIII航空軍団はフランスにおいて最後の戦火が収まる前に、進軍を止められた。6月20日に予定されていた作戦は中止され、その代わり同軍団は北方のノルマンディ沿岸へ向け移動する準備に入った。

第27戦闘航空団の本隊はシュトゥーカが移動した数日後に海峡沿岸部へ向かった。しかし、すぐにイーベル中佐のBf109はフォン・リヒトホーフェンの直接の指揮下から離れることになる。軍団麾下の2つの航空艦隊はどちらも敵の沿岸部で戦うことを予定していた。第2航空艦隊は英国海峡の東半分、第3航空艦隊は西半分である。そこで作戦に参加する全単発戦闘機はそれぞれの指揮下におかれた。こうして第27戦闘航空団に第2戦闘航空団、第53戦闘航空団が加わり第3戦闘機隊司令部（Fliegerführer 3）、つまり第3航空艦隊隷下の戦闘機部隊を構成し、司令部はドーヴィルの第VIII航空軍団司令部のそばに設置された。

カウリングを黄色に塗られたばかりのこの第27戦闘航空団第I飛行隊の「エーミール」は、「海峡沿岸部のどこか」の木が十分に生い茂った駐機場でエンジンの回転を上げている。

海峡沿岸部にドイツ空軍部隊を集結させることについては、緊急という感覚はほとんどなかった。第27戦闘航空団本部と第1戦闘航空団第I飛行隊はセーヌ河の哨戒飛行を終えたばかりで、6月30日にカン北方のプルモトに飛来した。しかし第27戦闘航空団第I、第II飛行隊が遂行したフランス戦終盤の対地支援任務は、ロワール河までの広い地域に及び、6月28日にドイツ本国へ帰還してしまった。

第I飛行隊がブレーメンに滞在していた期間はきわめて短かった。7月3日までに同飛行隊はプルモトにいたイーベルの航空団本部と合流した(第1戦闘航空団第I飛行隊はカルクに移動したが、1日早くシェルブール半島に移った)。対照的に、第27戦闘航空団第II飛行隊は祖国で2週間の休養と戦力回復を終えて、翌月はオランダ沿岸部の防衛任務で過ごした。

第27戦闘航空団のパイロットたちはそれまでとまったく違う種類の戦争に派遣されようとしていた。彼らが対決することになる敵は毅然としていて十分に組織され、優れた指揮の下でひとつの目的にひたすら邁進し、それはフランスでの連合軍になかったものであった。そして通常とは逆に、眼下の地上で展開する戦況が彼らの作戦に大幅な影響を与えた。

大きな相違がもうひとつあった。この時、彼らの前方に広がる水面は運河でも川でもなく、幅160kmの開けた海だった。ドイツ空軍戦闘機に関していえば、この障害に対し、控えめにいってもまったく準備をしていなかった。第27戦闘航空団の信号部門隊員ヴェルナー・シュタール少尉はいう。

「イギリス上空で激しい格闘戦に巻き込まれてさらに広い海上の帰還飛行までを含む海峡越え出撃は、指揮官にとっても部下のパイロットにとっても大きな不安の種だった。こうした作戦に伴う困難はすべてに重くのしかかった。我々の航空海難救助はまだ揺籃期にあった。それはシェルブール港を基地とする少数のHe59水上飛行機で構成されていた。

「海面を染めるための染料、救命胴衣、救難用1人乗りボート、それに信号装備の試験は毎日のように実施された。最初、我々は災難にあった飛行機

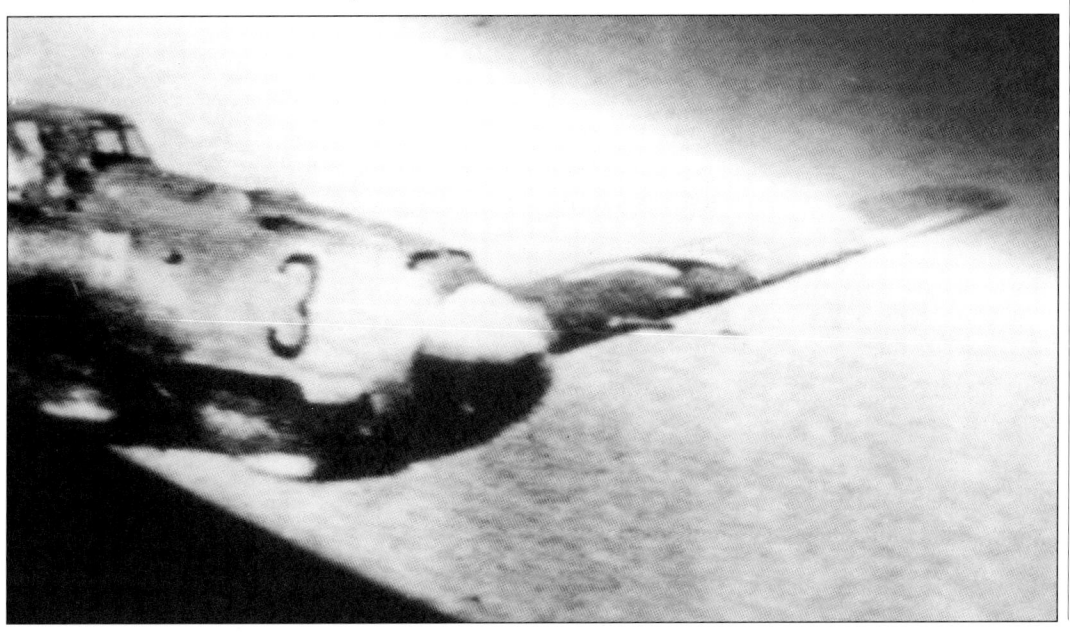

1940年7月5日、東プロイセンにいた第1戦闘航空団第I飛行隊は第27戦闘航空団第III飛行隊と改称された。先頭機の左翼に接近して編隊を組んでいる「黒の3」のパイロットは、最初の飛行隊章とエンジン・カウリングに機体番号を記入する、という他に例を見ない習慣が改称後も生き残ったことを見せつけている。

の位置を最も原始的な方向探知器を使って特定しようと試みた。後に新式のレーダー装置が大幅に助けとなることがわかった。航空団司令は部下の士官たちと毎日討議を重ね、航空団が海上作戦によりうまく適合できる解決方法を見い出だそうと試みた」

しかし、問題に関わるパイロットと要求をだす指揮官との間の亀裂はかつてないほど深く残った。イーベル航空団司令は一度ならずも短評を聞かされた時、そのきついバイエルン訛りでいった。

「彼らは正しいかもしれんが、自分としてはそれが気に入らんのだ！」

マックス・イーベルが歓迎したと思われるひとつの出来事が7月5日に発生した。1939年10月以来同航空団と不可分の関係にあった第1戦闘航空団第Ⅰ飛行隊が改編され、第27戦闘航空団第Ⅲ飛行隊として正式に彼の指揮下に入った。たとえ翌月には保有戦力がノルマンディとオランダに分割されるとしても、ようやく第27戦闘航空団は3個飛行隊編制となった。

それは耐え忍ぶ時だった。そして7月第1週に海峡西部に対する数回のシュトゥーカ護衛任務が無事終わった後、単発機による長い洋上飛行に関する想像上の脅威が減り始めた。7月11日朝に、第27戦闘航空団第7中隊のルートヴィヒ・フランツィスケット中尉がポートランドの南でハリケーン1機を撃墜した時、自信はさらに強化された。その第501飛行隊機は、「ツィスクス」・フランツィスケットにとり大戦中10機目の戦果にあたり、同航空団にとっては英国本土航空戦で最初の公認撃墜戦果となった。

さらに成功は続いた。第27戦闘航空団第9中隊のハンス-フォルカート・ローゼンボーム中尉は、戦役開始早々の週にブレニム偵察機を撃墜してヴェストファリアの新聞に載ったことがあったが、7月17日にシェルブール北方でやはりハリケーン1機を撃墜した。それから2日後、ヴァルター・アードルフ中尉率いる第27戦闘航空団第8中隊は5機以上のハリケーン撃墜を報じた。

しかし同航空団の幸運は続かなかった。7月20日に第Ⅰ飛行隊のパイロット1名がスピットファイアに撃墜されて海中に没し、さらに1名が洋上で不時着水した。行方不明となったパイロットの捜索がただちに実施された。飛行隊長ヘルムート・リーゲル大尉も捜索に加わったが、アルダネイ諸島の北西でハリケーンに襲われた。ヘルムート・リーゲル、あるいはウールリヒ・シアラー少尉の痕跡はまったく発見できなかった。ハインツ・ボイシャウゼン上級曹

8月初めに第27戦闘航空団第Ⅱ飛行隊がノルマンディのクレボンに飛来した時、所属機には同飛行隊の新しい「ベルリン熊」記章が記入されていた。展開当初は目につきやすい翼上面の国籍標識を隠すため、カモフラージュ・ネットが主翼のその部分だけを覆っていることに注目……

……後にカモフラージュ・ネットは機体をより完璧に覆うため支柱を組んだ上に被せられるようになった。「黄色の3」は第Ⅱ飛行隊が「ベルリン熊」記章を導入する際、主導的役割を果たしたユーリウス・ノイマン中尉の通常の乗機である。1940年5月に首都の動物園を訪れた時、彼は生きた熊を贈られ、それは後に第6中隊とともに砂漠に渡ったと伝えられる。

同じ「黄色の3」は、8月中旬の海峡越え出撃の後、フランスの農場に胴体着陸した。おそらくこの時に損傷を被ったためだろう、8月18日に第43飛行隊のハリケーンと小競り合いの後でワイト島へ不時着を余儀なくされた時、「ユッピ」・ノイマンは「黄色の6」で飛んでいた。

長の遺体は後にフランスの海岸に漂着した。恐れていた海峡で最初の犠牲者が出たのだ。

ヘルムート・リーゲルは大戦中に落命した不運な5名の第27戦闘航空団第Ⅰ飛行隊長の最初だった（これは運命の気紛れで、他の飛行隊はそうした災難に遭わなかった）。彼の後任は元航空団本部付副官のエドゥアルト・ノイマン大尉で、偶然にもリーゲルが撃墜された当日に初撃墜を記録した。それはシェルブール沖で撃墜した第236飛行隊のブレニム1機だが、航空団本部シュヴァルム（4機編隊）にとっては英国本土航空戦における唯一の戦果となった。

第一次大戦後はポーランドとルーマニアに割譲された土地だが、それ以前はオーストリア-ハンガリー公国領だったブコロヴィナの村に生まれたこらえ性のない「エドゥ」・ノイマンは、第27戦闘航空団の歴史の中で主役のひとりとなり、最終的に同航空団司令に昇進する。

7月の残りの期間にワイト島の南と西でさらに小競り合いが発生した。それにより約6機の撃墜を記録したが、パイロット2名を海峡上空で喪失した。1名はネードレスから南方に約16km離れた洋上で第43飛行隊のハリケーンと空中衝突し、もう1名はポートランド沖で撃墜された。

この時までに第27戦闘航空団本部と第Ⅰ、第Ⅲ飛行隊はコタンタン半島の北端にあるシェルブールとその周辺の飛行場に移動した。そこからだとポートランドまでの洋上針路はわずか約112kmに短縮できた。これは傷ついた機体を注意して扱うにはまだ長い距離ではあるが、できるはずだった。不幸な英国沿岸航空軍団の双発戦闘機が逆の立場からそれを証明した、8月1日にシェルブール近くで第236飛行隊のブレニム3機が撃墜された。しかし実際には2機しか破壊されておらずソーニィ島の基地によたよたとたどり着いた3機目は損傷を受けていたが、修理は可能だった。

8月5日、第27戦闘航空団第Ⅱ飛行隊はノルマンディのクレパンに飛来した。同飛行隊がオランダ沿岸地方の防衛任務に就いていた間に、隊員のパイロットたちはブレニム2機を撃墜したが、第5中隊長アルブレヒト・フォン・アンクム−フランク大尉を失った。同飛行隊がフランスに向け出発するわずか3日前、彼は第27戦闘航空団第Ⅱ飛行隊のリューヴァルデン基地を襲った別のブレニムによる爆撃の最中に撃墜された。

　イーベル大佐の三飛行隊はすべて8月8日の大規模交戦に関与した。それは20隻の沿岸輸送船団を巡るものであったが、船団は前夜の干潮時にメドウェイから出航し、夜陰に紛れてドーヴァー海峡を通過し、今や西に向かって海峡を進んでおり、英空軍戦闘機が交替で哨戒に当たっていた。

　この船団を撃滅せよというフォン・リヒトホーフェンの命令で、日中にかけて3波に及ぶシュトゥーカの攻撃が実施された。各攻撃では第27戦闘航空団のBf109が護衛に随伴した。結局、同航空団は延べ261機、31回も出撃した！　各飛行隊の命運はさまざまだった。

　「エドゥ」・ノイマンの第27戦闘航空団第Ⅰ飛行隊はスピットファイアとハリケーンを1機ずつ撃墜した。スピットファイアは午前半ばの出撃で、ハリケーンは午後早い時刻の出撃での戦果である。しかし、午後の出撃の際にワイト島南方で3機が撃墜され、パイロット2名が戦死した。

　第27戦闘航空団第Ⅱ飛行隊は後の午後の攻撃まで戦果はなかった。早い時期の殺戮で散らばっていた船団の生き残りはその時までに再集結し、ウェイムズ湾目指して進んでいだ。しかし同飛行隊はハリケーン1機の戦果と引き換えに大きな代償を支払うことになる。レーダーの警告を受けた防衛側の英空軍戦闘機は、船団から南に十分離れた洋上で攻撃部隊を迎え撃った。海峡の半ばで4機のBf109が撃墜され、5機目はフランスにたどり着いてから不時着し、登録を抹消された。

　戦死、あるいは行方不明4名の損害を被った8月8日は、同航空団にとって英国本土航空戦の全期間を通じ、戦闘による損害という観点からは最悪の日となった。しかし悪いことがあれば、良いこともある。他にパイロット4名が海峡に落下傘降下し、もう何週間か早ければ戦死者リストに彼らの名前が追加されたかもしれなかったが、その代わりに以前より能率的になったドイツ空軍の航空海難救助隊に救助された。その中には第Ⅱ飛行隊長ヴェルナー・アンドレス大尉も含まれていた。

　CW9船団はわずか4隻だけが事実上無傷でスワナゲ港に入港できた。英海軍がドーヴァーから駆逐艦を引き揚げたというような他の証拠も勘案すると、これはドイツ空軍上層部に対英戦で当初の目的を達成したと確信させた。その目的とは、海峡においてイギリス船舶の存在を排除することであった。今度は次の段階のため最後の準備に着手する時だ。それは海峡を横断する侵攻作戦で事前に不可欠となる、英空軍戦闘機の防御網を破壊することだった。これはイングランド南部の戦闘機軍団が展開する飛行場に対する協同攻撃で達成されるはずだった。秘匿名「鷲の日（アドラータク）」として、それは8月13日に予定されていた。

　大攻撃に先立つ4日間、第27戦闘航空団は今や日課となった爆撃機護衛任務と哨戒飛行を続けた。その結果、同航空団ではパイロット2名が行方不明（8月11日にポートランド爆撃を終えて帰還する爆撃機を援護していた時に喪失）となったが、8機を撃墜した。それにはカーチス・ホーク1機が含まれて

いたが、上に述べた戦闘の後で、それまでの戦果が2カ月前に撃墜したフランス軍戦闘機1機というひとりのパイロットが申告した戦果である。以前に撃墜した機種が相当に印象深かったのであろう。

悪天候と連絡網の壊滅的ともいえる故障に悩まされた「鷲の日」の大失敗は、これまでも出版物で十分に扱われている。その日の混乱した活動における第27戦闘航空団の主要な役割は、予め決められた目標である、戦闘機の展開する飛行場に向かう50機を超すシュトゥーカ隊の護衛であった。しかし、場所を突き止めることに失敗し、戦果もそして損害もなくフランスに戻った。

5日後、イーベル大佐配下のBf109が海峡を横断するフォン・リヒトホーフェンのシュトゥーカ隊の護衛をふたたび務めた時はまったく話が違った。8月18日の攻撃はポーリングのレーダー基地、フォードとソーニィ島にある飛行場に向けられた三班に分かれた攻撃だった。

防衛側のハリケーンとスピットファイアに手酷く痛めつけられ、シュトゥーカは堪え難い損害を被った（本シリーズ第22巻「ユンカースJu87シュトゥーカ1937-1941 急降下爆撃航空団の戦歴」を参照）。急降下爆撃機の損害は確かにひどいものだったが、第27戦闘航空団戦闘機の損害は皆無だった。その護衛任務で、第Ⅲ飛行隊はフォード近くのサセックス海岸上空で英空軍戦闘機3機を撃墜し、第Ⅱ飛行隊はセルゼイ-ビルとワイト島の間で行われた激しい空戦で14機以上（少なくとも半分は未公認のまま）を撃墜した。

護衛に参加した代償として6機の犠牲を出した。海峡上空で撃墜された5名のうち、2名は救助された。パイロット1名はドイツ軍の航空海難救助隊によってフランスに連れ戻されるという幸運に恵まれたが、もうひとり、第1中隊のゲーアハルト・ミツデルファー少尉をヴェントノアのすぐ沖合で救助したのは英軍だった。そこに第27戦闘航空団第6中隊のユーリウス・ノイマン中尉（「エドゥ」・ノイマンと関わりはない）が加わった。ノイマンはワイト島シャンクリン近くの飛行場に炎上する乗機「黄色の6」を着陸させ、脱出したのだった。彼らはイギリスとの戦いにおいて同航空団初の捕虜となった。

「最悪の日」として知られるようになるこの日以降、破滅を招く低性能のためJu87は作戦から引き揚げられた。第Ⅷ航空軍団はひとまとめになりパ・ド・カレーに移動して、来たる海峡越え侵攻作戦において戦術的支援任務に戻る準備に入った。彼らの損失ははっきりと減少した。だが実状は英国本土航

第27戦闘航空団第Ⅱ飛行隊はノルマンディを離れてパ・ド・カレーのフィアンヌに駐留した。この写真で興味深いのは、左端に見える少なくとも2機のフィアットCR.42の残骸である。1940年5月の戦闘を逃れてきたベルギー空軍機がここで破壊されたのであろうか？ それともムッソリーニがドイツ空軍と協同作戦を展開する（第56戦闘航空団第18中隊のように）ため海峡方面へ派遣したイタリア空軍のCR.42 50機の先鋒を務めた2機で、最終目的地のマルデゲムに到着する前に何らかの理由で最期を迎えたのであろうか。

空戦の残りの期間を戦闘に加わらず、活動停止状態に近かった。

シュトゥーカ護衛任務はもう必要なくなったため第27戦闘航空団もまたパ・ド・カレーに移動し、海峡東部を担当する戦闘機部隊、第2戦闘機隊司令部の指揮下に入った。そして同航空団がシェルブールを離れる前に、航空団司令マックス・イーベル大佐は「類い稀なる統率力」により、第27戦闘航空団隊員としては2人目となる騎士十字章を8月22日に受勲した。

3日後、同航空団最初の騎士十字章受勲者ヴィルヘルム・バルタザル大尉は第3戦闘航空団第Ⅲ飛行隊長に任命された。彼はフランス戦で一連の撃墜を記録して以来、さらなる戦果はなかった。後任の第27戦闘航空団第7中隊長には元航空団本部付のエアハルト・ブラウネ中尉が任じられた。

8月26日にワイト島沖で喪失した1機を最後に、2日後、第27戦闘航空団はパ・ド・カレーに向かった。イーベル大佐の航空団本部と第Ⅲ飛行隊は、かつてダンケルクに対する作戦期間中に使った数カ所の飛行場のひとつ、ギネにすぐに落ち着いた。第27戦闘航空団第Ⅰ飛行隊は8月31日にそこで本隊と合流したが、ピューブリング近郊で予定外の3日間を過ごした。一方、第Ⅱ飛行隊はやはりギネに近いフィアンヌに飛来し、ここに再展開は完了した。

移動の当日、部隊は英国本土航空戦中に全戦闘航空団が被ったうちで疑いもなく最も奇妙な損失を被った。イーベル大佐の航空団本部に属するゴータGo145A軽連絡機を任せられた若い下士官パイロットは、チャネル諸島から離陸した後に方位を見失い、その小型複葉機をサセックス州ルイス競馬場に誤って着陸させたのだ！

海峡の幅が最も広い部分から最も狭い場所への移動は、第27戦闘航空団のパイロットたちにとって新たな可能性を開いた。今や彼らは以前より内陸まで侵入でき、あるいは敵の沿岸を越えた後により長い時間止まることができた。しかし、もしも大きな損傷を被った時、海面に落下傘降下する危険を冒さなかった場合は、確実に捕虜となることも意味した。だが、未だに勝利を確

第27戦闘航空団が8月末にパ・ド・カレーに移動したことは、イングランド南東部で撃墜される所属機が一層増加することを意味した。画質がかなり悪いことは認めるが、この写真はそうした最初の1機を示している。第27戦闘航空団第3中隊のエルンスト・アルノルト曹長機「黄色の12」が、8月30日にケント州ファヴァシャムに胴体着陸した後、武装した国防兵の管理下にある。おそらく不時着の原因と推定される胴体後部の弾痕がはっきりと見える…

…しかし、上の写真では見ることができないものは操縦席後方の風変わりなマーキングだ。国防兵と少年（付け加えると、ほとんどの墜落地点に出没した児童生徒の大群の典型で、機体からどんなに離れていたとしても、武装した国防兵の大いなる頭痛の種となる！）が真近で調べている最中だが、この「ハサミとr」の記号は「黄色の12」が第3中隊機であるだけでなく、シアラー・シュヴァルム（シアラーはドイツ語でハサミを意味する）に属する1機であることも示している。ウールリヒ・シアラー少尉は4機編隊の名祖（なおや）であったが、7月20日に海峡西部の上空で行方不明となった。シアラーはヘルムート・リーゲル飛行隊長が捜索していた部下の2機のうちの1機で、その最中にリーゲル自身も撃墜されるのである。

信していたため、この後のほうの可能性はさほど深刻には考慮されなかった。フランスでは多くのパイロットが撃墜され捕虜となったが、ほぼ全員が数週間以内に解放されたではないか。同航空団の新たな作戦空域における最も早い時期の出撃——8月30日にケント州の爆撃に向かう第2航空艦隊の爆撃機護衛——が、これから待ち受けているものが何かを知る好例となった。第27戦闘航空団第Ⅱ飛行隊がスピットファイア3機を撃墜したのと引き換えに、他の二個飛行隊では行方不明1名と2名が撃墜され捕虜となる損害を被った。

戦死者1名ごとに捕虜2名という損失比は、驚くほど変化せずに英国本土航空戦最後の数週間まで続いた。第3航空艦隊隷下の戦闘機部隊ではわずか2名のパイロットが捕虜となっただけであったが、イングランド南東部での作戦で22名以上が捕虜となった。

9月は期待のもてる始まりで幕を開けた。9月1日、第27戦闘航空団第Ⅱ飛行隊のパイロットたちはケント州上空で損害なしにスピットファイアをさらに7機撃墜した。一方、第2中隊のあるパイロットはロンドン上空でかなり疑わしいがカーチス・ホークを(またもや!)1機撃墜した。

しかしその月が過ぎていくにつれ、そして空戦が最高潮に近づくとともに、損失リストは長くなり始めた(引き続き、撃墜戦果は損失に対して約2倍多かったが)。9月6日午前、ロンドン周辺に展開する戦闘機軍団の基地に対し、第2航空艦隊の爆撃機が敢行した大規模爆撃を援護して、同航空団は合計9機のスピットファイアを破壊した。歴史の後知恵と戦後の記録の利点から、これはドイツ空軍空中勤務者の間で流行っていた「スピットファイア撃墜紳士気取り」の典型例と証明された。この攻撃でBf109が撃墜したと信じ込んでいた英空軍戦闘機13機のうち、実際にはわずか2機だけがスピットファイアで、残りは「魅力に欠ける」ハリケーンだった!

撃墜した機種が何であろうとも、イーベル配下のパイロットたちは成功の代償を支払うことになった。その日の空戦が終わるまでに4名が撃墜されて捕虜となり、他に2名が負傷して帰還した。捕虜となった者には第27戦闘航空団第Ⅲ飛行隊長ヨアヒム・シュリヒティング大尉が含まれていた。彼はティルビュリー近くで燃える機体から脱出を余儀なくされ、重傷を負った。シュリヒティングの後任は1938年に就任して以来、第9中隊長を長期間務めていたマックス・ドビスラフ大尉だった。

第27戦闘航空団第Ⅰ飛行隊は9月中はずっとギネに駐留していた。のどかなこの田園風景では同飛行隊の「エーミール」が1機、かき集めてきたばかりのわら束でできた掩体に居心地良く囲まれており、海峡の反対側で激しく続く苛烈な空戦がまるでうそのようである。また、右のトレーラーに注目。これはフランスの巡回サーカス馬車で、飛行隊長エドゥアルト・ノイマン大尉が居室兼作戦室として使うため「徴発」した、と信じられている。サロン、寝室、そして台所を備えているのが自慢だった。やはり捕獲した英軍砲兵運搬車に引かれて、第6中隊の熊と同じく、これもまた砂漠へ旅することになる。

海峡越え戦争が何と猛烈なことかすぐに学ぶことになる第1飛行隊員のひとりは、「エデュ」ノイマンの補佐官ギュンター・ボーデ中尉だった。これはその年の初めに撮影された、「アフリカ」記章をつけていない彼の乗機、「白のシェヴロン」(最初、ボーデは2月1日にヘルムート・リーゲル大尉の飛行隊補佐官に指名された)……

……そしてこの写真では、「白のシェヴロン」がアシュフォードの自動車販売店のショールームに展示されている。9月9日にボーデがメイフィールド近くに不時着した際にいくらかひん曲がり損傷したにもかかわらず、この機体はイギリスの戦争遂行努力のために応分の貢献をさせられた。

9月までには、ボーデの機体のような初期のヘルブラウ迷彩はどちらかといえば例外と化した。今や第27戦闘航空団の大半の機体は、この第1中隊「白の7」のように、眼下の地上に対して見え難くするため、ある種の斑点迷彩を塗られた。

しかし、迷彩塗料が塗られていても、スピットファイアからの狙い澄ました0.303インチ(7.7mm)機銃弾の一連射に対する防護にはほとんど役立たなかった。アンドレアス・ヴァルブルガー軍曹は9月15日にラジエーターに被弾してウクフィールド近くに不時着し、それを思い知った。「英国本土航空戦の日」に第27戦闘航空団が喪失したわずか2機のうちの1機ではあった。ヴァルブルガーの「黒の5」をトラファルガー広場に展示することが多分ふさわしかったのであろう。安全のため、クイーン・メアリー・トレーラー上に網でしっかりと縛られ、この写真ではネルソン像の一画に(ロープで仕切られ)、ランザールの4頭立て青銅製ライオンの1頭から疑わしげな視線を浴びている……

……そしてその第2中隊の「エーミール」は生活のために働くことを余儀なくされ、地方での募金増収旅行へ送り出された。この写真ではベッドフォードシャー州の警官が特権を行使して操縦席内部を覗いている間、例のごとく群がった児童学生がロープの周囲から見守っている。後に、この製造番号6147はアメリカへ船積みされた。

　9月7日にドイツ空軍は突然ロンドンへ攻撃の矛先を移した。このまったく予期せぬ動きは激しい攻撃を受けた英空軍の戦闘機基地に歓迎すべき回復をもたらした。第27戦闘航空団はその後の日々に、引き続き第2航空艦隊の爆撃機護衛任務、あるいはイングランド南東部に対する敵戦闘機掃討任務を遂行し、連続して戦果あるいは損失、またはその両方を得たが、どちらもせいぜい1機か2機だった。

　今日でもイギリスでは「英国本土航空戦の日」（バトル・オブ・ブリテン・デイ）として毎年祝う、それまでで一番激しい空戦が行われた9月15日さえも例外ではないことを証明した。その日2波の大規模攻撃では、最初の出撃で第76爆撃航空団のDo17を護衛し、第I飛行隊はわずかにパイロット2名を失っただけであった。おそらく第19飛行隊のスピットファイアに撃墜されたと思われる1名は、サセックス州の

ウックフィールド近くに不時着し、もう1名は海峡上空で行方を絶った。その日唯一の戦果は首都の南東で第6中隊が撃墜したスピットファイア1機だけである。

　第27戦闘航空団が次の（そして最後の）主要な対決に関わることはその月末までなかった。9月27、30日の両日にイーベル配下の各飛行隊は、ロンドンを目標とする爆撃機編隊の援護に当たる大規模な戦闘機網の一部として参加した。そして両日とも迎撃に上がった英空軍戦闘機に大きな出血を強いた。

　9月27日に第27戦闘航空団第Ⅰ飛行隊が撃墜した7機のうち、2機はハリケーンだった。その一方はセヴンオークス上空で、他方はブライトン北方で撃墜した、最近第1中隊に配属された36歳の一等飛行兵の初戦果2機である。同航空団最年長の実戦パイロットであるオーストリア人のペーター・ヴェルフト博士は、大戦終結時には少佐で第Ⅲ飛行隊長を務めていた。

　第27戦闘航空団第Ⅰ飛行隊の成功は損害なしに達成された。その一方で第Ⅱ飛行隊はハリケーン4機を撃墜したが、戦死者1名、負傷せずに捕虜となった者1名（後に収容所で死亡）という代償を支払った。

　9月30日に第Ⅱ、第Ⅲ飛行隊は合計6機を撃墜し、4機はロンドン上空で、2機はタンブリッジ-ウェルズでそれぞれ撃墜したものの、パイロット3名が捕虜となった。第Ⅰ飛行隊はこれよりいくらか不運だった。撃墜3機の戦果をあげたが、ヘイワーズ-ヒー

不時着の見まごうことのない印を見せている姉妹機の背後で、スピナーに切り取られた木の枝がもたせかけられただけのいくらか不十分なカモフラージュが施された、第27戦闘航空団第5中隊の「黒の11」（それと「赤い横棒」!）は、通常と異なる、線を交差させた迷彩を見せている。この機体はおそらく、ハンス-ディーター・ヨーンー等飛行兵が9月27日にサセックス州ルーズへの片道旅行に使ったものであろう。

10月中最初の喪失となった第27戦闘航空団第5中隊のパウル・レーゲ軍曹が、ヒースフィールド近くで第605飛行隊のハリケーンとの空戦で戦死した時の乗機に寄りかかっている。垂直安定板に2機の撃墜スコアが見えることは、この写真は彼が戦死した当日に撮られたことを示唆する。それというのも、彼の戦果2機はどちらもハリケーンだが、2機目は10月7日にロンドンに対して実施された3回のヤーボ護衛任務の2回目に撃墜したからである。彼はその日3回目の出撃で第605飛行隊の「アーチー」・マッケラー大尉に撃墜されたが、マッケラーは1カ月も経たずに、レーゲの飛行隊長ヴォルフガング・リッペルト大尉によって仇を討たれた(本文を参照)。

左頁下●3日後の9月30日に第7中隊のカール・フィッシャー中尉はウィンザー・グレートパークに不時着を試みた際にトンボ返りし、帰還できなかったようだ。当時広く信じられていたこととは反するが、無防備のアンソン練習機2機を攻撃する際に高度の目測を誤ったわけではなく、ロンドン爆撃の護衛任務でラジエーターと燃料タンクに被弾したのである。写真は「白の9」が起こされるところで、後にウィンザー城壁の外側でカンヴァス幕に囲まれて公開された。残骸を見るための入場料6ペンスは地元のスピットファイア基金の足しにされた。

ス近くでパイロット2名が戦死し、他に2名がギネの西で負傷したが帰還した。

ここで第27戦闘航空団第I飛行隊はイングランド南東部における作戦の終了を記すことになった。翌日の10月1日、同飛行隊はドイツ本国に移動した。第1戦闘航空団本部の指揮下に入り、ハンブルクから西に約17km離れたシュターデに駐留した。同飛行隊のパイロットたちはそこにいた3週間をドイツ湾の哨戒で何事もなく(1件の致命的墜落事故が発生したが)過ごした。

10月21日、第27戦闘航空団第I飛行隊は昔馴染みの海峡西部に活躍の舞台を移した。ふたたび第3戦闘機隊司令部の隷下に入った同飛行隊は、悪化する天候状態が許す限り、サン・マロ湾正面のすぐ内陸部にあるディナンの飛行場から飛び立ち、フランス北西沿岸部の防衛任務にあたるか、あるいはコタンタン半島先端の前線滑走路から発進して、海峡を越えた索敵攻撃と戦闘爆撃任務に従事した。

その後の任務に従事するのは以前より危険が増したが、同航空団はその年最後の戦果である2機を撃墜した。11月17日、英空軍戦闘機との小競り合いで第27戦闘航空団第3中隊のBf109が1機、ポーツマスの海に没した。第2中隊のもう1機は11月30日にエンジン故障のためドーセットの農地に胴体着陸した。どちらのパイロットも生き延びたが、捕虜となった。

3日後、「エドゥ」・ノイマン大尉の第27戦闘航空団第I飛行隊はもう一度ドイツに戻った。今度の目的地はベルリン西方のデベリッツで、そこで帝国首都の防衛に就き、冬の残り数カ月間を過ごすことになった。

一方、パ・ド・カレーでは指揮官交替人事が発令され、第27戦闘航空団第II飛行隊は9月24日にフィアンヌからサン・タングルヴェールへ短距離を移動し(フィアンヌに分散している機体はドーヴァーの断崖から見ることができる、といわれていた!)、新飛行隊長を迎えた。

8月8日にヴェルナー・アンドレス大尉は救助を待つ間必死に浮いて海峡の海中で何時間も過ごしたため、体力を極限まで消耗した。体力回復には長期間を要し、その間に同飛行隊は飛行隊長代理に率いられた。2人目の代理、ヴォルフガング・リッペルト大尉は9月30日付で飛行隊長に正式に任命された。ヴェルナー・アンドレスは完全に回復した後、第3戦闘航空団第III飛行隊を指揮するためロシアへ向かうことになる。

リッペルト大尉は活動が次第に下火となる10月に第27戦闘航空団第Ⅱ飛行隊を率い、11月1日にはカンタベリー上空でハリケーン1機を撃墜した。これは同飛行隊にとり英国本土航空戦最後の戦果であったが、実際は同航空団にとっても最後の戦果となった。撃墜された機体は英空軍の先頭を行くエースで第605飛行隊司令「アーチー」・マッケラー少佐が操縦していたが、大聖堂があるケント州のその都市から南東に約8km離れた地点に墜落した。5日後に第27戦闘航空団第Ⅱ飛行隊はフランスから撤退し、その後2カ月間はドイツのデトモルトで休養と戦力回復に努めた。

　10月には航空団の指揮官交替もまた行われた。マックス・イーベル大佐はゲーリングの悪評高い戦役途中の「魔女狩り」、——つまり年長の戦闘航空団司令を解任し、アードルフ・ガランドやハンネス・トラウトロフトのような、もっと攻撃的な「若い乱暴者」と交替させる——からは逃れたが、ヌレンベルク-フュルトの第4戦闘機学校（Jagdfliegerschule 4）の指揮をとるため離任した。しかし彼はその後、1941年半ばに第3戦闘機隊司令として海峡方面に戻ることになる。

　それまで第2戦闘航空団司令を務めていたヴォルフガング・シェルマン大尉が10月22日に正式に指揮をとるまで、ベルンハルト・ヴォルデンガ少佐が12日間は代理として援助の手をさしのべた。その後11月10日に航空団本部はギネを離れ、デトモルトの第Ⅱ飛行隊と合流した。

　マックス・ドビスラフ大尉率いる第27戦闘航空団第Ⅲ飛行隊もまた11月10日にギネを離れた。パ・ド・カレーにいた最後の月に同飛行隊のパイロットたちは5機を何とか撃墜した。それに対しパイロット1名が海峡上空で行方不明となり、2名がケント州で撃墜され捕虜となった。その2人とも、英国本土航空戦の全期間を通じて同航空団が喪失した唯一の中隊長、第27戦闘航空団第8中隊長だった。ギュンター・ダイケ、アントーン・ポイントナー両中尉はメイドストーン地区で12日間に相次いで落下傘降下を余儀なくされた。

　第Ⅲ飛行隊のドイツ内の目的地はヴェヘタだった。そこに駐留していた間に、第27戦闘航空団第Ⅲ飛行隊の海峡方面における運用史に小さな脚注が付け加えられた。12月14日、前飛行隊長ヨアヒム・シュリヒティンク大尉に「無私無欲で個人戦果を犠牲にし、護衛任務を模範的に遂行」した功で、騎士十字章授与の知らせが報じられた。第27戦闘航空団の飛行隊長3名の中で最先任のシュリヒティンクは、9月6日1800時にエセックス州シューブリネス沿岸沖で第41飛行隊のノーマン・ライダー大尉に撃墜されるまで、航空団全

謎の写真その1。第27戦闘航空団にとって1940年最後の損失は第2中隊のパウル・ヴァッカー軍曹で、11月30日にスワンエイジ-コーフ・カッスルを結ぶ鉄道（後方の土手に注目）そばのウッディハイド農場にエンジン故障のため不時着した。まったく第27戦闘航空団しからぬマーキングに注目。「白のG」は明らかに、この時戦闘爆撃部隊となっていた第2教導航空団第Ⅱ（地上攻撃）飛行隊に属し、この飛行隊はつい最近も第27戦闘航空団の戦闘機による上空援護を受けていた（たとえば前述のパウル・レーゲの最後となる3回の出撃など）。それでは、ヴァッカーはそうした機体で何をしていたのか？　彼は一時的に第2教導航空団第Ⅱ（地上攻撃）飛行隊へ手助けに行ったのか？　第27戦闘航空団第Ⅰ飛行隊は爆装できる機体がきわめて不足していたため、地上攻撃飛行隊から機体を借用したのか？　それとも製造番号6313F（Fは最近修理されたことを意味する）は元地上攻撃部隊に属し、最近修理されて第Ⅰ飛行隊に配備されたがまだ塗り直す時間がなかったのであろうか？

体を率いてたびたび出撃した。ライダーは1940年中に全戦果7.5機をあげたが、シュリヒティンクはその5番目に当たり、負傷して落下傘降下した。イギリスの収容所に入れられたシュリヒティンクには、相応の儀礼をもって勲章が届けられた。1年余り後の1941年10月31日に、今度はライダー自身がフランス上空で対空砲火に撃墜され捕虜となった。

chapter 3
マリタ作戦とバルバロッサ作戦
marita and barbarossa

ユーゴスラヴィア侵攻

　冬の数カ月間に発生した特筆すべき出来事のひとつは、その当時は誰ひとりとしてそれを意識しなかったが、1941年1月にデベリッツにひとりの若い士官候補生が到着したことである。この新参者の評判が先に届いていたが、大多数の者は実際にはそれを事件と見なしていない。英国本土航空戦の期間中に彼はスピットファイア7機を撃墜したが、彼自身少なくとも6回の落下傘降下を余儀なくされた。彼はまた空中に上がっても地上でも、いくらか一匹狼風に見えた。「飛行訓練の絶え間ない違反者」である彼の指導簿には、軽い軍紀違反が散見された。

　はじめ第2教導航空団第Ⅰ(戦闘)飛行隊に属した彼は、すぐに第52戦闘航空団第Ⅱ飛行隊に異動した。その21歳のベルリン子とはもちろんハンス－ヨアヒム・マルセイユである。彼はそこで新しい中隊長ヨハネス・シュタイン

1941年初め、第27戦闘航空団第Ⅲ飛行隊の「エーミール」がルーマニアのおそらくギウレスティに到着し、田舎の村人が興味津々で集まっている。「白の2」には撃墜スコア1機がカギ十字の左に記入されているが、残念ながらパイロット名は不明。

ホフ中尉とすぐに衝突した。6歳年上で最初は1934年にドイツ海軍に入隊した職業軍人であるシュタインホフは、マルセイユの態度と軍人らしからぬ物腰を許容するのが難しいと知った。彼の自由奔放で大都会風の気取った仕草、大半の者より長い髪を好む傾向、それに「軍隊の理想に対する生来の反感」はすべて第52戦闘航空団第4中隊長にとって憎悪の対象だった。

「マルセイユは非常にハンサムだった。彼は生まれついての戦闘機乗りだったが、信頼できなかった。彼にはいたるところに女友達がおり、彼女たちが彼を休ませず、時には大いに疲れさせたため、飛行勤務を解かなくてはならなかった。彼が時々無責任な仕方で任務をこなしたのが、私が彼をクビにした主な理由だ」

「クビ」にされたマルセイユは第27戦闘航空団第I飛行隊に移った。同飛行隊長「エドゥ」・ノイマンの回想：

「マルセイユは軍隊でのきわめて悪い評判も身にまとって第27戦闘航空団にやってきた。それに、まったく好感のもてない性格だった。彼は見栄を張ろうとした。そして、たくさんの肉感的な映画スターに関する知識が大いに重要だ、と考えていた」

しかし、アフリカでマルセイユの性格と態度は完全に変化した。歓楽地から遠く離れ、彼の以前の不品行は、砂漠の退屈を大いに紛らすと仲間のパイロットから見なされる一層の奇行へと変わった。そして最初の撃墜数7機は最終的に158機に増加する。西側連合軍だけが相手としては最高の撃墜数である。「メッキ」・シュタインホフがもう少し寛容で、そして未来の「アフリカの星」がアフリカでなく、第52戦闘航空団第II飛行隊について東部戦線に行ったとしたら、射撃の名手マルセイユの撃墜総数はどれだけ伸びたであろ

第27戦闘航空団第6中隊長ハンス-ヨアヒム・ゲーアラハ大尉が1940年から41年にかけての冬にデトモルトで愛機のBf109Eに乗り、ポーズを決めている。1941年4月14日、ゲーアラハは英空軍のブレニム2機を撃墜した後で落下傘降下し捕虜となり、バルカン戦において第II飛行隊唯一の喪失となる。

マリタ作戦開始早々の時期、ブルガリアのベリカでフリードリヒ・グリンペ軍曹(手前)は、第7中隊の地上要員が「白の7」を爆装する作業を注視している。1941年7月28日、グリンペはロシアで「白の9」に搭乗し行方不明となる。

うか、ちょっと思案するのは興味深いことだ！

しかし、名声と栄誉がもたらされるのは数カ月先のことである。1941年2月末以降に第27戦闘航空団第Ⅰ飛行隊がデベリッツからミュンヘンに南下した時、ハンス-ヨアヒム・マルセイユ士官候補生はゲーアハルト・ホムート中尉率いる第3中隊の単に新参の一隊員に過ぎなかった。そして未だに見習期間中だった。

航空団本部と第Ⅱ、第Ⅲ飛行隊はすべてドイツにある冬の兵舎から4週間ほど前に立ち退いていた。2月上旬に彼らは、ルーマニアの首都ブカレスト近郊の軍民共用飛行場であるバニャサに集結した。この国はすでにしっかりと枢軸国の陣営に入っていたが、3月1日に隣国ブルガリアがその先例に倣った時、シェルマン少佐はただちに配下の2個飛行隊を率いてドイツの最新の同盟国領内に進駐した。

しかし、バルカン半島に枢軸合同圏(来たるソ連侵攻の期間中は南縁を担当する)を作る、というヒトラーの望みはユーゴスラヴィアの反政府蜂起で砕かれた。それゆえ、総統は当該地域の問題を武力で解決することを決心した。まずユーゴスラヴィアのレジスタンスを粉砕し、それからイタリアの同盟相手ムッソリーニを助けに行く。彼が5カ月前に始めたギリシャ侵攻は困難に直面し続けていた。

第27戦闘航空団のBf109はギリシャ攻撃だけでなく、ユーゴスラヴィア征服も任務とするため、ブルガリアのベリカとヴルバにある基地という、集結をすませていたドイツ地上軍と空軍を援護するのに理想的な場所に展開した。それはあたかも英国本土航空戦でできなかったことをやるようだった。1941年4月6日朝に始まった「マリタ」作戦は純粋な電撃戦だった。

同航空団の二重の役割は敵から制空権を確保するだけでなく、古馴染み

の戦友、第Ⅷ航空軍団のシュトゥーカが敵から邪魔されず作戦できるようにすることだった。第12軍の戦車師団が山並みの外側をブルガリアの国境沿いに西に向かってユーゴスラヴィアへ、あるいは南に向かいギリシャへ進撃する時、その部隊もまた近接支援に当たった。

しかし英国本土航空戦といくらか類似する点もあった。その先の戦役で航空団本部が落としたのはわずか1機だけだった。今度は航空団司令自身が作戦開始2週間後にハリケーン（英空軍の第80飛行隊機）1機をギリシャ南部のタナグラ近くで撃墜したのだ。シェルマン配下のパイロットたちがヤーボ（戦闘爆撃）任務に就くことも次第に増えていった。それはかつて、海峡越え出撃が後半を迎えた時に初めて強いられたものの発展形だった。

リッペルト大尉の第Ⅱ飛行隊は19機の撃墜戦果をすべて「マリタ」作戦の第2週にあげた。だが、ギリシャ救援に殺到した英連邦諸国軍はピレウスとペロポネソス半島の海岸から撤退するため、その時すでに南方へ戦いつつ退却を始めていた。

4月13日、ヴルバからユーゴスラヴィアとギリシャ国境のビトリへ移動飛行の際に、第27戦闘航空団第6中隊は護衛がついてない英空軍のブレニム爆撃機6機編隊と遭遇し、わずか4分以内にその全機を撃墜した。中隊長ハンス-ヨアヒム・ゲーアラハ大尉と部下の下士官パイロット2名が第211飛行隊機を各自2機ずつ撃墜した。

その翌日にはグラジエーター1機が網に掛かったが、ハンス-ヨアヒム・ゲーアラハを失った。彼は地上掃射中に対空砲火で撃墜され、落下傘降下後に捕虜となった。そのあくる日、今度は第27戦闘航空団第2中隊が、トリッカラ近くで15分間に及ぶ混戦の末にギリシャ軍機6機を撃墜した。中隊長グスタフ・レーデル中尉は2機のPZL P.24と1機のブロック151（その時はハリケーンと誤認）を撃墜した。これに加えて、もう1機のPZLと2機のグラジエーターが獲物のすべてだった。

第Ⅱ飛行隊の先頭をゆく撃墜記録保持者2名の乗機がバルカン戦開始時にヴルバで撮影したこの写真に捉えられている。中央は飛行隊長ヴォルフガング・リッペルト大尉の「黒の二重シェヴロン」で、この当時撃墜数は16機に達していた。手前の方向舵に15機のスコアが記入されたのは、第27戦闘航空団第4中隊長グスタフ・レーデル中尉の乗機とわかる。この写真の原版によると、最初の縦棒の記号はポーランドのものだ。レーデルの初戦は、第21戦闘航空団第2中隊に属していた当時、1939年9月1日にワルシャワ上空で撃墜したPZL P.24（実際はP.11の可能性が高い）である。

1941年4月にギリシャのラリッサにて、雪を頂いたオリンポス山を背景に、そして英空軍のブレニムの残骸を左に配した第27戦闘航空団第9中隊の「黄色の2」。黄色いカウリング、胴体中央の細い帯、方向舵といういずれも指示書どおりのマリタ作戦マーキングを示している。

同飛行隊の戦役最後の戦果はすべてハリケーンだった。その最後にあたる4機は第27戦闘航空団第Ⅱ飛行隊が、英空軍が撤退したばかりのギリシャのラリサ飛行場に移動する当日、4月20日に撃墜した。

「マリタ」作戦中の第27戦闘航空団第Ⅲ飛行隊の運命はまったく違っていた。1機の撃墜戦果もあげられなかっただけでなく、同航空団にとり戦闘による唯一の戦死者を出した。作戦開始当日の午前中に第8中隊がルペル隘路のギリシャ軍陣地に対しヤーボ攻撃中に、英空軍第33飛行隊のハリケーンに襲われた。Bf109 8機のうち4機が撃墜され、パイロット2名が戦死。そのうちのひとりはアルノ・ベッカー中尉で、不運な第27戦闘航空団第8中隊が喪失した3人目の中隊長となった。

4月26日までに航空団本部と第Ⅱ、第Ⅲ飛行隊は、ギリシャに向け進撃中に最後の駐留地となったアテネ-エロイシスに再集結した。そこでシェルマン配下のパイロットたちは、もう一度顔を北に向けてドイツに戻り、その後で来たるソ連侵攻のためポーランドに進出する前に、地上勤務要員が合流するまでの数日間寛ぐことができた。

しかし5月上旬に27戦闘航空団第Ⅲ飛行隊のBf109がジェラへ向かうよう命じられ、同飛行隊の出発は、2週間遅れた。シチリア南部沿岸にあるその飛行場から、彼らは短期間、地中海上の約120km離れたマルタ島に対する枢軸国の空からの攻略に加わった。種々の爆撃機の護衛、索敵攻撃、それにヤーボ攻撃に出動し、第27戦闘航空団第Ⅲ飛行隊はギリシャ上空で戦果をあげられなかった不名誉を挽回し、包囲した島の上空とその周辺でハリケーン5機を撃墜した。第185飛行隊の1機は飛行隊長マックス・ドビスラフ大尉の5月15日の戦果である。他の4機はすべて同飛行隊の先頭を行くエースである第9中隊長、伯爵エルボ・フォン・カーゲネ

ギリシャ占領後、第27戦闘航空団第Ⅲ飛行隊は5月初めにシチリアのジェラへ移動し、マルタ攻略の空軍戦力の一翼を担った。写真は次の出撃の準備ができた第8中隊の「黒の5」のそばを、マックス・ドビスラフ飛行隊長が考えにふけりながら歩いてゆくところである。

ジェラで飛行隊本部のE-7が燃料補給を待っている。相変わらずカウリングと方向舵は黄色のままだが、胴体中央部に記入されていたマリタ作戦を示す、水で洗い流せる塗料で塗られた黄色帯は、地中海戦域を示す胴体後部の太い白帯に代わっている。後方には北アフリカへ向かう途中とおぼしき、同様なマーキングで砂漠迷彩に塗られた第27戦闘航空団第I飛行隊のE-7 tropが2機見える。

ク中尉が撃墜し、彼の撃墜数は17機に達した。

ノイマン大尉の第27戦闘航空団第I飛行隊もまたマルタ島上空の戦いに加わったが、この場合はシチリア島に駐留したのはバルカン戦の後でなく、その前だった。それで同飛行隊の戦闘機はさらに滞在期間が短く、3月初めの10日間だけシチリア（シシリー）のコミソにいたにすぎず、英空軍のハリケーン撃墜1機が戦果のすべてだった。

3月中旬までにミュンヘンに戻った第27戦闘航空団第I飛行隊は、すぐにまた移動した。4月4日に南オーストリアのグラーツ-タレルホフに移動。一時的に第54戦闘航空団本部の指揮下に入り、2日後に開始されるユーゴスラヴィア侵攻において、そこが同飛行隊の基地となった。

ユーゴスラヴィアの南東国境に沿って展開していた航空団本部と同じく、北方にいた第27戦闘航空団第I飛行隊は戦役開始早々の段階では二重の任務を帯びていた。つまり、敵ユーゴスラヴィア空軍の無力化と地上軍の進撃支援である。これらの任務で撃墜戦果は得られなかったが、同飛行隊はBf109 1機を喪失し、もう1機が軽微な損傷を被った。

喪失した戦闘機を操縦していたのは第2中隊のヴィリ・コトマン少尉で、彼は1カ月前にマルタ上空でハリケーンを1機だけ撃墜していた。ユーゴスラヴィア国境を越えてすぐに対空砲火に撃墜されたコトマンは当初行方不明とされたが、じきに陸路でグラーツに戻ることができた。

もう1機の損傷もまた対空砲火

オーストリアを離れてすでに砂漠仕様の「エーミール」を使用していた第27戦闘航空団第I飛行隊の、マリタ作戦での任務はユーゴスラヴィア北部に限定されていた。1941年4月6日に2機が損傷を被った。1機は地上から対空砲火を浴びたが、基地に無事帰還した。その機体のパイロットは当時まだ無名のハンス-ヨアヒム・マルセイユ士官候補生だった。彼は過給機吸入口のすぐ上に開いた穴を平然と指差している。

4月6日に損傷を受けたもう1機はグラーツ-タレルホフの地上で、明らかに事故による火災の犠牲となった。奇妙なことに、損害日報では損害程度を40パーセントと評価している——。お役所仕事的にペン先が滑ったか、それとも技術部門が修復に関し自信過剰なのであろうか？

の犠牲となったもので、リュブリャナ飛行場にいたユーゴスラヴィア軍の多数の旧式なポテーズ25複葉機を第27戦闘航空団第2中隊が機銃掃射した際のものである。パイロットはあの若いベルリン子だが、それ以上の障害もなく基地に帰還した。彼の僚機を務めたライナー・ペトゲン軍曹の回想：

「私はマルセイユ士官候補生の100m後方を飛んでおり、彼の乗機の左側に対空砲火が当たるのを見た。しかし、彼は我々残りの者と一緒に無事グラーツに着陸した」

この初日の警告の後で、第Ⅰ飛行隊の短いバルカン戦の残り期間は平穏だった。4月11日に同飛行隊は新たに占領したユーゴスラヴィア北部の首都で、その前日に「クロアチア独立州」を宣言したアグラム（ザグレブ）に進駐した。

4月14日までに同飛行隊はもう一度ミュンヘンに戻ったが、またも滞在は短かった。1週間足らず後に、「エドゥ」・ノイマン配下のパイロットたちはイタリアへ再度足を延ばした。第27戦闘航空団第Ⅰ飛行隊は今度はシチリアに止まらず、飛行を続けて地中海を横断し、北アフリカのアイン・エル・ガザラに向かった。それは間違いなく同航空団の全歴史を通じ最も輝かしい章の舞台である。

ソ連侵攻

砂漠で第27戦闘航空団第Ⅰ飛行隊に合流する前に、同航空団本部と第Ⅱ、第Ⅲ飛行隊はまずソ連侵攻作戦である「バルバロッサ」に参加した。数週間前にギリシャから戻って1941年6月中旬まで、シェルマン少佐の部隊は彼らにとって三度目の電撃戦開始を待ち、旧ポーランド・リトアニア国境近くに展開していた。ソ連侵攻作戦はドイツ国防軍が試み実験した戦術の、以前のどの戦役よりも遙かに壮大な規模ではあるが、それまでの繰り返しとなるはずだった。

（皮肉にもマルセイユが以前属していた）第52戦闘航空団第Ⅱ飛行隊、第53

戦闘航空団第Ⅲ飛行隊が一時的に加わり増強された第27戦闘航空団は、今や大将となったフォン・リヒトホーフェンの第Ⅷ航空軍団に属し、またも単発戦闘機戦力を担った。そして今回も彼らの主要任務は第一に敵空軍戦力の撃滅であった。それゆえ、伝統的なシュトゥーカ護衛任務に加えて、第27戦闘航空団パイロットの多くが「バルバロッサ」作戦劈頭の数時間に、おびただしい数のソ連軍前線飛行場に対する一連の地上攻撃任務に就いた。

彼らの任務遂行を助ける新兵器が導入された。それはBf109の胴体下面に装着された大きな爆弾ラックだった。各戦闘機は96発(!)のSD2破砕爆弾を運搬することができた。この重量がわずか2kgしかない小型破砕爆弾は、元来は対人兵器として開発された。しかしそれらを列をなして駐機しているソ連軍機に対し使うと、きわめて効果的だった。残念なことは、それらを投下する機体のパイロットにとってもわずかな危険をもたらすことがあった(詳細は本シリーズ第27巻「東部戦線のメッサーシュミットBf109エース」の20～21頁を参照)。

1941年6月22日早朝に始まったバルバロッサ作戦で、当初の航空攻撃は計画立案者が図々しくも期待した以上の成功をもたらした。無警戒の赤軍空軍の前線飛行場に対するこれら初期のヤーボ任務に大いに関与したため、初日の第27戦闘航空団第Ⅱ、第Ⅲ飛行隊を合計した撃墜戦果は(東部戦線の基準では)控え目な13機だった。

しかし航空団全体として見ると、6月22日は航空団司令を喪失した日となった。航空団本部シュヴァルム(4機編隊)に属するひとりのパイロットは何が起こったかを後に述べた。

「グロドノ近くで我々は対空砲火を浴びた。シェルマンはラタ[スペイン語でネズミという意味だが、I-16のこと]を1機撃墜したが、飛び散った破片がいくつか航空団司令機に当たったに違いなかった。我々はシェルマンが落下傘降下するのを目撃した」

ヴォルフガング・シェルマン少佐の以後の消息は決して掴めなかった。彼は約2日後にソ連秘密警察に捕まり、射殺されたと広く信じられている。先のI-16ラタは彼の第二次大戦中14機目の撃墜戦果で、そのうち2機だけが第27戦闘航空団を率いていた間の戦果である。

ヴォルフガング・シェルマンは戦闘で失われた唯一の第27戦闘航空団司令となった。直後の彼の後任は同航空団にとって馴染みのない人物ではなかった。ベルンハルト・ヴォルデンガ少佐は1937年3月に遡り、出発点である第131戦闘航空団

1940年10月以降に第27戦闘航空団司令を務めるヴォルフガング・シェルマン少佐はバルバロッサ作戦の開戦当日に戦死する。この写真はマリタ作戦期間中──砂漠用ヘルメットからおそらくギリシャ南部にいた作戦後半の段階と思われる──に撮られたものである。

第Ⅰ飛行隊(現第27戦闘航空団第Ⅲ飛行隊)を編成した士官であった。過去6カ月間は第77戦闘航空団を指揮していたが、彼は航空団への帰還を6月25日にヴィルナの近くでツポレフ双発爆撃機を復帰後最初に撃墜、というすばらしいかたちで飾った。

第27戦闘航空団本部が東部戦線で戦っていた残りの4カ月間に、新航空団司令はさらに3機の撃墜を重ねることになった。ヴォルデンガもまた、最近のバルカン、クレタ両戦役において第77戦闘航空団を統率した功で騎士十字章を授与された(7月5日付)。しかし、航空団本部の東部戦線での獲物の分け前の大半(合計13機のうちの8機)は、大変経験豊富なエルヴィーン・ザヴァリッシュ上級曹長の戦果である。

「バルバロッサ」作戦の初日にもうひとり騎士十字章の受勲者が生まれた。それは第27戦闘航空団第4中隊長のグスタフ・レーデル中尉で、ギリシャ戦の終盤に20機目の撃墜戦果をあげていた。レーデルは東部戦線にいた間にもう1機の撃墜を記録する。この最新の獲物は、6月25日に第Ⅱ飛行隊がヴィルナ付近で撃墜したソ連軍爆撃機25機(!)のなかの1機である。そのうち7機は第5中隊のグスタフ・ランガンケ少尉が撃墜したが、彼の以前の撃墜戦果は英国本土航空戦最盛期の1940年9月に、ロンドン上空で撃墜したハリケーン1機だけだった。

しかし、前途への期待をかきたてる東方での航空戦の瞥見と、ソ連軍相手の高い個人撃墜戦果はすべてあまりにも短く、そのすぐ後に第Ⅱ飛行隊は保有機を第27戦闘航空団第Ⅲ飛行隊に引き渡すよう命じられた。すでにロシア戦線の過酷さを彼ら自身感じ始めており、2個飛行隊を合わせた可動機数は1個飛行隊をかろうじて効果的に運用するだけしかなかった。

赤軍空軍に対する9日間の戦闘で、リッペルト大尉の第27戦闘航空団第Ⅱ飛行隊は敵機42機を破壊した。12機以上の戦闘機が喪失あるいは損傷を被ったが、同飛行隊が被った戦闘による人的損害は1名だけで、6月23日に対空砲火で低空ヤーボ攻撃中のヴィルヘルム・ヴィージンガー中尉を失った。

第Ⅱ飛行隊は7月にデベリッツに戻った。9月下旬にリビアのアイン・エル・ガザラにいる第27戦闘航空団第Ⅰ飛行隊と合流するまでの2カ月間に、そこで新式のBf109Fに機材を更新した。

この時期に、第27戦闘航空団第Ⅲ飛行隊は同航空団本部とともに引き続きロシア戦線で作戦していた。中央軍集団のモスクワ目指した進撃にしたがって次々と飛行場を移ってゆき、彼らがさらに東方へ進むに従い、同飛行隊の通算撃墜数は劇的に増加した。敵機破壊数で計ると、第27戦闘航空団の歴史においておそらく最も成功した時期に当たるであろう。

ロシアの首都を目指した道筋で、ドビスラフ大尉配下のパイロットは24名以上が初撃墜を記録した。他の者は以前の戦果にさらに上積みした。

しかし、第27戦闘航空団第Ⅲ飛行隊が東部戦線で作戦中に、誰をも凌ぐひとりの人物の名前が広まった。伯爵エルボ・フォン・カーゲネク中尉はバルバロッサ開戦当日に18機目(ヴィルナ南方でツポレフ爆撃機)を撃墜した。7月27日に撃墜したイリューシンDB-3が第9中隊長にとって37機目の戦果で、3日後に騎士十字章を受勲した。そして同飛行隊がロシアで作戦した最終日の10月12日に撃墜したソ連軍戦闘機で、彼の撃墜数は65機に達した。この偉業により、彼は第27戦闘航空団で最初に柏葉騎士十字章を受勲した。

ソ連における撃墜競争でフォン・カーゲネクの次につけていたのは、彼が

第27戦闘航空団第9中隊長の伯爵エルボ・フォン・カーゲネク中尉はソ連機48機を撃墜し、東部戦線において同航空団で最も成功したパイロットだった。22歳の伯爵はこの初期のスナップ写真ではまだ少尉だが、写真の左すみに「出撃前のエルボ」と記されている。

率いる第9中隊の下士官パイロットだった。フランツ・ブラジトコ上級曹長は「バルバロッサ」作戦以前の戦果が4機だったが、9月23日の索敵攻撃中に撃墜され捕虜となるまでに、29機(30機とした資料もある)に増加した。

ブラジトコはロシア戦線の戦闘で喪失した10人目で最後の同飛行隊パイロットだった。それに対し彼らは、4カ月に及ぶ戦闘期間中に少なくとも224機のソ連軍用機を撃墜した。戦闘空域は、東はモスクワからわずか193kmほど離れたヴィヤジマまで、また北はレニングラードにまで達した。

10月中旬に第27戦闘航空団本部と同第Ⅲ飛行隊がデベリッツに引き揚げ、Bf109Fに機材更新する番となった。2カ月後、彼らもまたリビアに到着し、1年以上かかってここに航空団全体が再集結を完了した。

しかし、航空団本部と同第Ⅲ飛行隊がデベリッツに引き揚げたことで、第27戦闘航空団が東部戦線との関わりを完全に断ち切ることにはならなかった。ヴェアノイヒェンで8週間の訓練を受けてから、1941年9月下旬にスペイン人義勇軍の1個中隊がロシアに到着した。

スペイン内戦の古株で16機以上を撃墜した、アンジェロ-サラス・ララザ

あまり画質がよくないが、この写真はフォン・カーゲネクの「黄色の1」が、1941年8月20日にレニングラード南東のヴォルコフに沿ったドイツ側戦線の背後に不時着してから撮影された。胴体後部に東部戦線を示す幅広の黄帯が見える。方向舵に記入された45機の撃墜スコアも何とかわかる。その中の最後は、8月16日にノヴゴロド東方で撃墜した「I-18」(MiG-3か?)である。その3日後の2機の戦果(やはり「I-18」)を記入する時間は明らかになかったようだ。

スペインの赤と黄色に色分けされた袖章をつけた、第27戦闘航空団第15(スペイン人)中隊のパイロット2名。手袋とスカーフで身を守っているが、近づくロシアの冬の寒気を明らかに感じさせる。彼らと同様にしっかり包まれた「エーミール」の前に立ち、初代「青飛行隊」(Escuadrilla Azul)の隊旗を示している(ロシアにおける5代に及ぶスペイン人義勇戦闘機部隊が知られている)。

バール少佐に率いられた同中隊はヴォルデンガ少佐の指揮下に入り、第27戦闘航空団第15(スペイン人)中隊として作戦した。

　第27戦闘航空団本部がドイツに戻った後もずっと、そのスペイン人部隊は(後に第52戦闘航空団に編入されたが)元の部隊名称を使い続けた。モスクワ戦区で5カ月間の戦歴をもつ第27戦闘航空団第15(スペイン人)中隊は敵14機を撃墜し、そのちょうど半分はララザバール少佐の戦果であった。しかしパイロット1名が戦死し、3名が戦闘中に行方不明となった。

　1942年3月、任務期間満了を迎えた最初の中隊が新たなスペイン人義勇軍の一団と交替した。第二代の中隊はやはり第27戦闘航空団第15(スペイン人)中隊と表記したが、ヴォルデンガの航空団本部はもはや遠くへ行ってしまっていた。そこで同中隊は第2航空艦隊の直属となった。後に同中隊とさらに3つのスペイン人義勇中隊は、今度は第51戦闘航空団の指揮下で作戦することになる。

カラー塗装図
colour plates

解説は124頁から

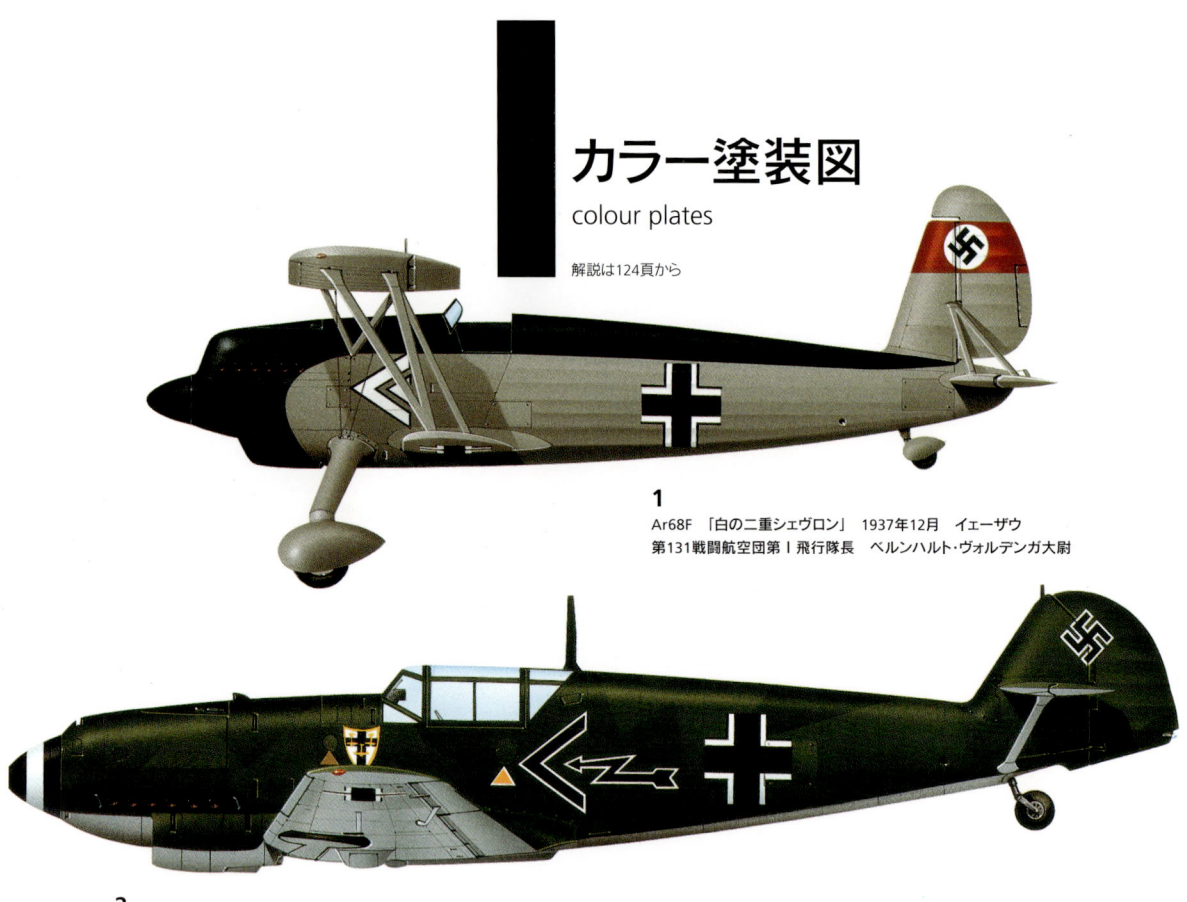

1
Ar68F 「白の二重シェヴロン」 1937年12月 イェーザウ
第131戦闘航空団第Ⅰ飛行隊長 ベルンハルト・ヴォルデンガ大尉

2
Bf109D-1 「黒のシェヴロンと電光」 1938年9月
イェーザウ 第131戦闘航空団第Ⅰ飛行隊本部

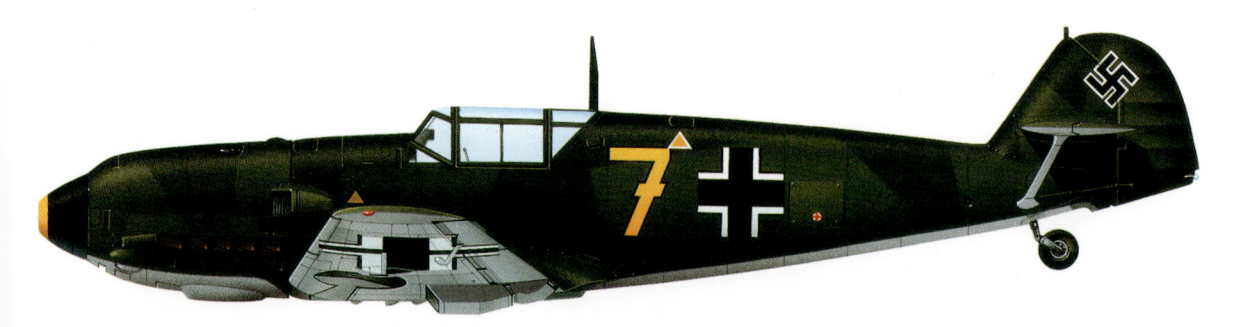

3
Bf109E-3 「黄色の7」 1939年10月 ミュンスター-ハンドルフ 第27戦闘航空団第3中隊

4
Bf109E-1 「赤の9」 1939年12月
フォルデン 第1戦闘航空団第2中隊

5
Bf109E-3 「黒の11」 1940年1月 マクデブルク 第27戦闘航空団第5中隊

6
Bf109E-1 「赤の1」 1940年2月 クレフェルト
第27戦闘航空団第2中隊長 ゲルト・フラム中尉

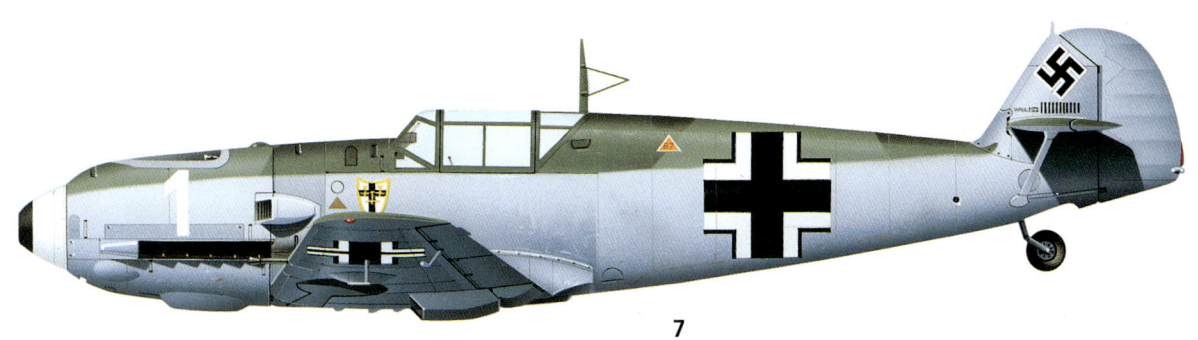

7
Bf109E-4 「白の1」 1940年5月 モンシー－ブレトン
第1戦闘航空団第1中隊長 ヴィルヘルム・バルタザル大尉

8
Bf109E 「白の10」 1940年5月 シャルルヴィル
第27戦闘航空団第1中隊

9
Bf109E 「黄色の6」 1940年9月 フィアンヌ 第27戦闘航空団第6中隊

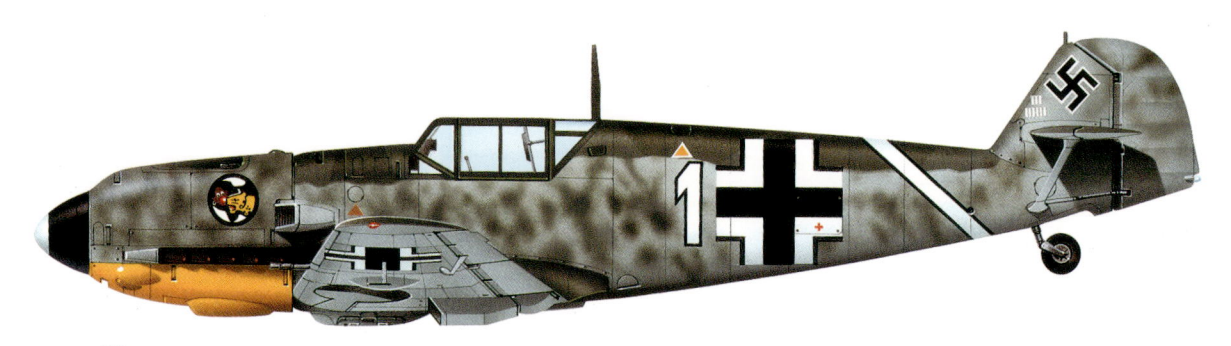

10
Bf109E-7 「白の1」 1940年9月 ギネ 第27戦闘航空団第1中隊長 ヴォルフガング・レートリヒ中尉

11
Bf109E-7 「黒の2」 1941年3月 ヴルバ 第27戦闘航空団第5中隊

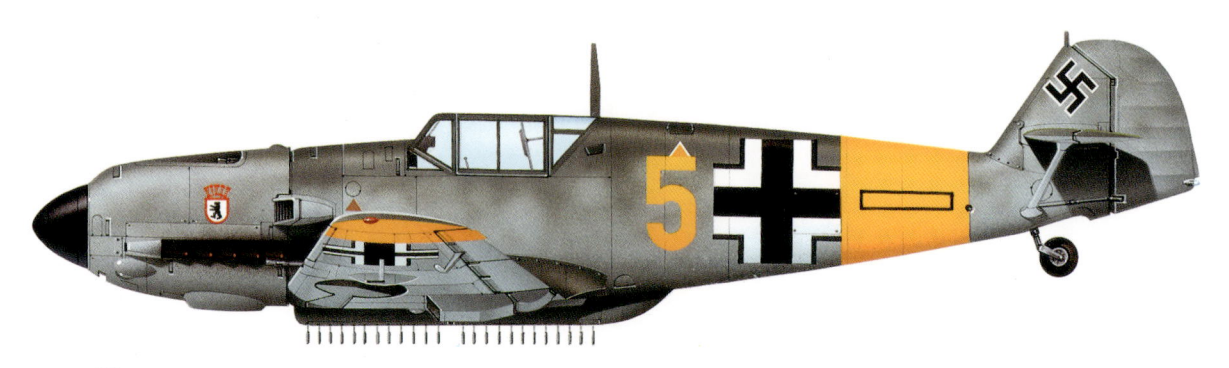

12
Bf109E-4/B 「黄色の5」 1941年6月 ヴィルナ 第27戦闘航空団第6中隊

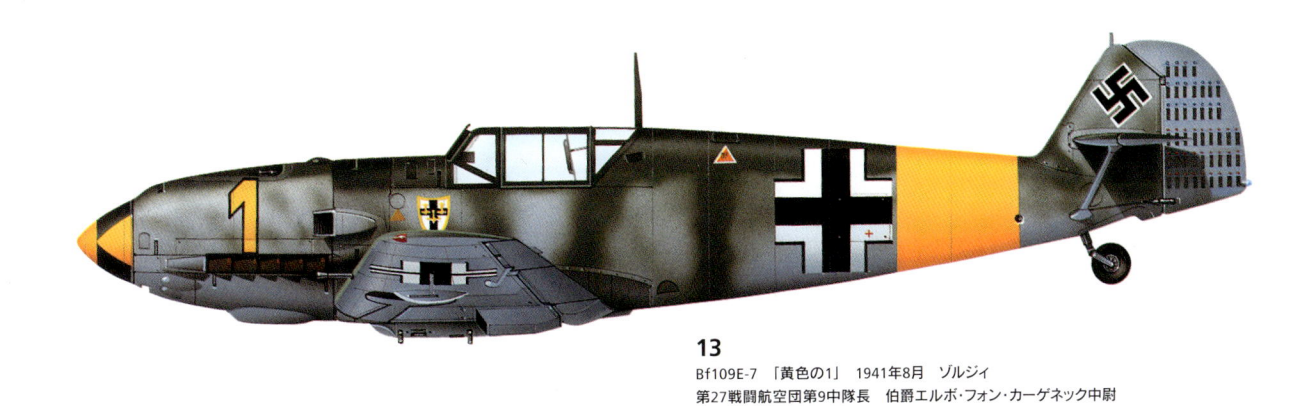

13
Bf109E-7 「黄色の1」 1941年8月 ゾルジィ
第27戦闘航空団第9中隊長 伯爵エルボ・フォン・カーゲネック中尉

14
Bf109E-7 trop 「黒のシェヴロンとA」 1941年9月 アイン・エル・ガザラ
第27戦闘航空団第Ⅰ飛行隊補佐官 ルートヴィヒ・フランツィスケット中尉

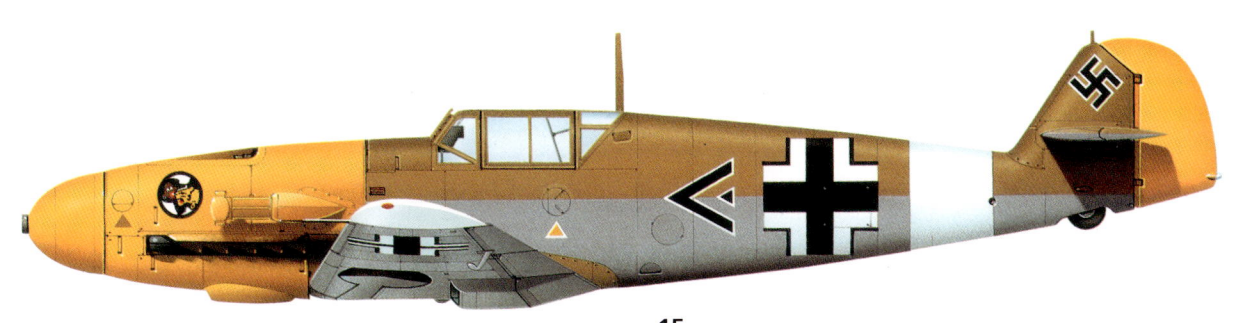

15
Bf109F-4 trop 「黒の二重シェヴロン」 1941年11月
アイン・エル・ガザラ 第27戦闘航空団第Ⅰ飛行隊長 エドゥアルト・ノイマン大尉

16
Bf109F-4 trop 「黒の9」 1941年12月 アイン・エル・ガザラ
第27戦闘航空団第5中隊

17
Bf109F-4 trop 「黒の2」 1941年12月 トゥミミ 第27戦闘航空団第8中隊

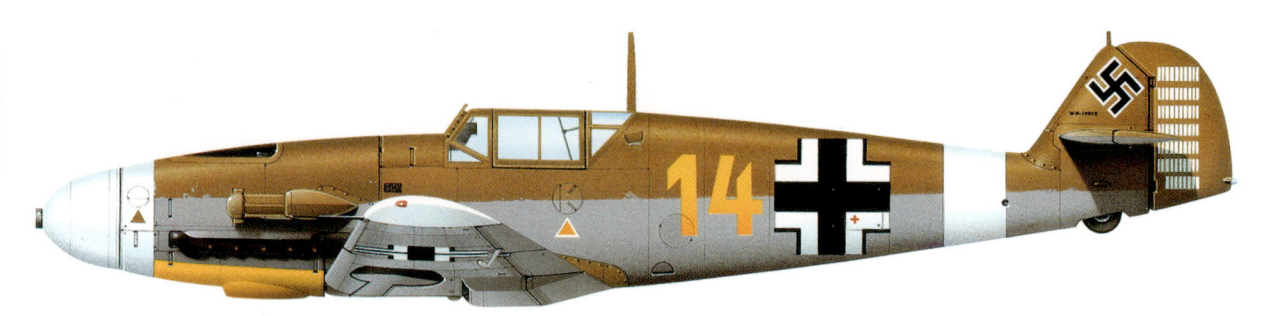

18
Bf109F-4 trop 「黄色の14」 1942年5月 トゥミミ 第27戦闘航空団第3中隊
ハンス-ヨアヒム・マルセイユ少尉

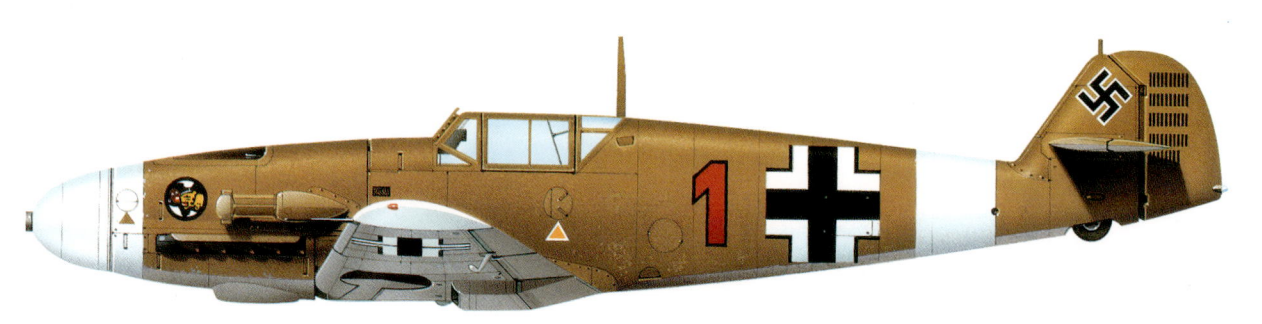

19
Bf109F-4 trop 「赤の1」 1942年8月 クオータイフィア
第27戦闘航空団第2中隊長 ハンス-アルノルト・シュタールシュミット少尉

20
Bf109F-4 trop 「黄色の5」 1942年8月 クオータイフィア
第27戦闘航空団第6中隊 ゲーアハルト・ミクス少尉

21
Bf109G-4 trop 「白の7」 1943年5月 トラーパニ 第27戦闘航空団第4中隊

22
Bf109G-4カノーネンボート 「白の10」 1943年5月 ボワ 第27戦闘航空団第1中隊

23
Bf109G-6 trop 「黄色の1」 1943年7月 タナグラ
第27戦闘航空団第12中隊長 ディートリヒ・ベスラー中尉

24
Bf109G-6 カノーネンボート 「赤の13」 1943年11月 カラマキ
第27戦闘航空団第11中隊 ハインリヒ・バルテルス曹長

25
Bf109G-6 trop カノーネンボート 「白の9」
1943年12月　マレメ　第27戦闘航空団第7中隊

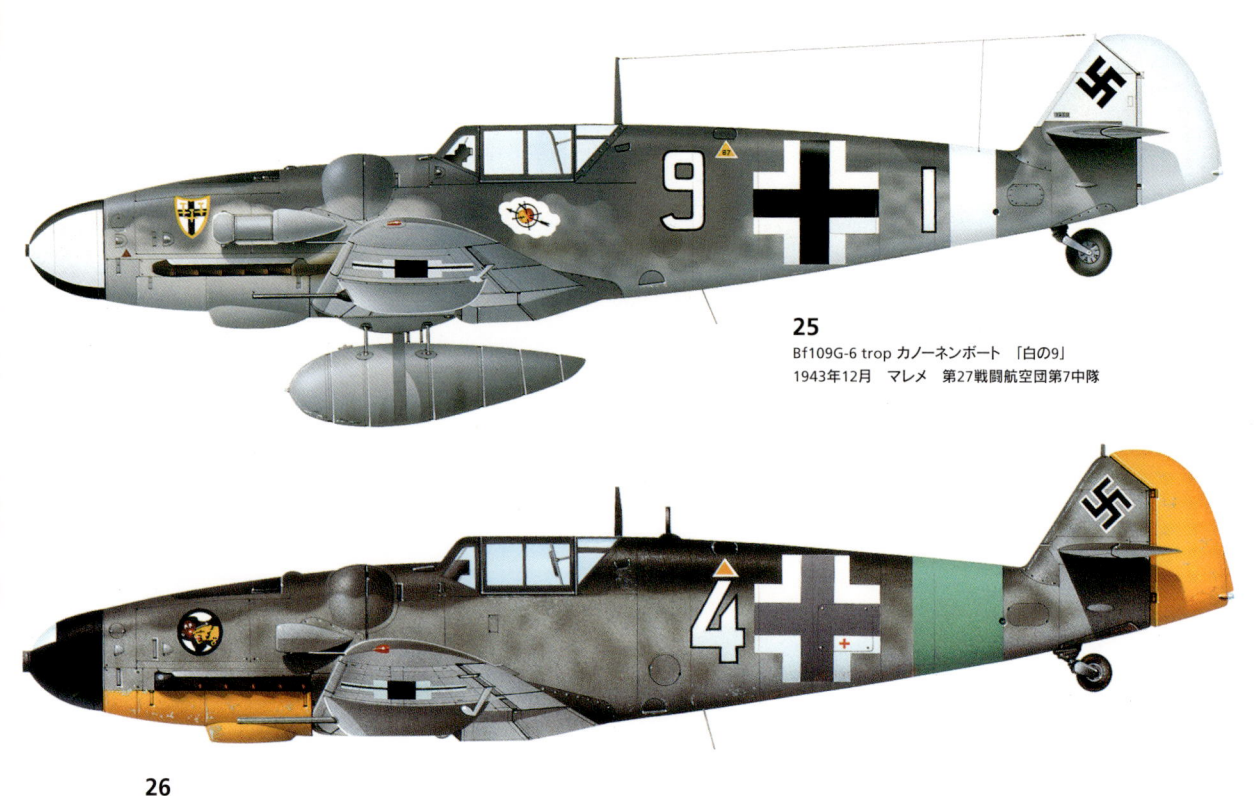

26
Bf109G-6 カノーネンボート 「白の4」　1944年1月　フェルス・アム・ヴァグラム　第27戦闘航空団第1中隊

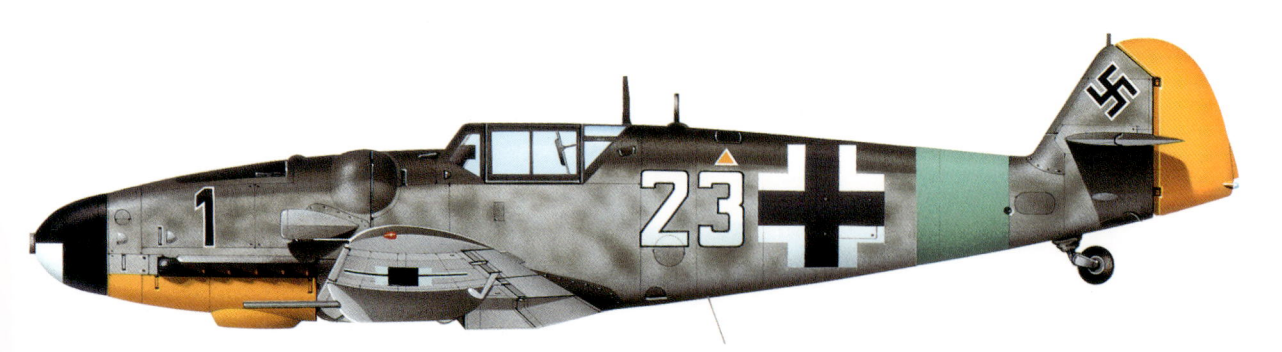

27
Bf109G-6 カノーネンボート 「白の23」　1944年1月　フェルス・アム・ヴァグラム　第27戦闘航空団第1中隊

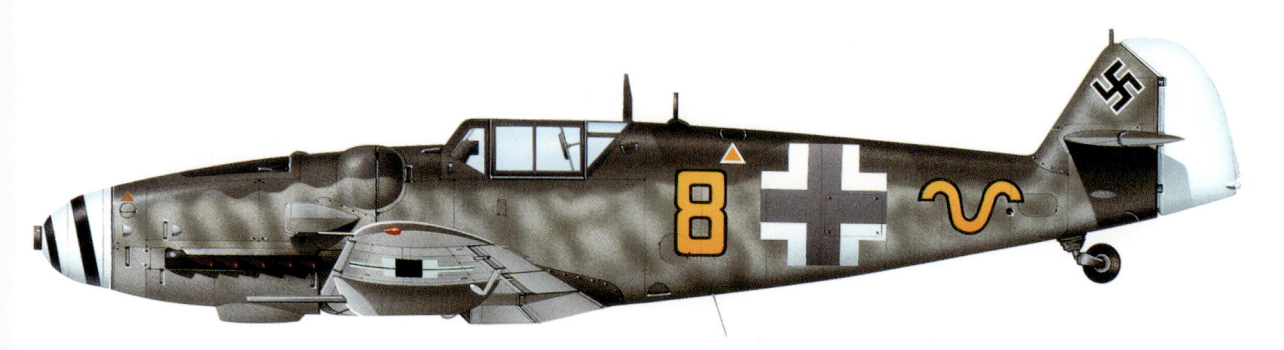

28
Bf109G-6 カノーネンボート 「黄色の8」　1944年2月　スコピエ　第27戦闘航空団第12中隊

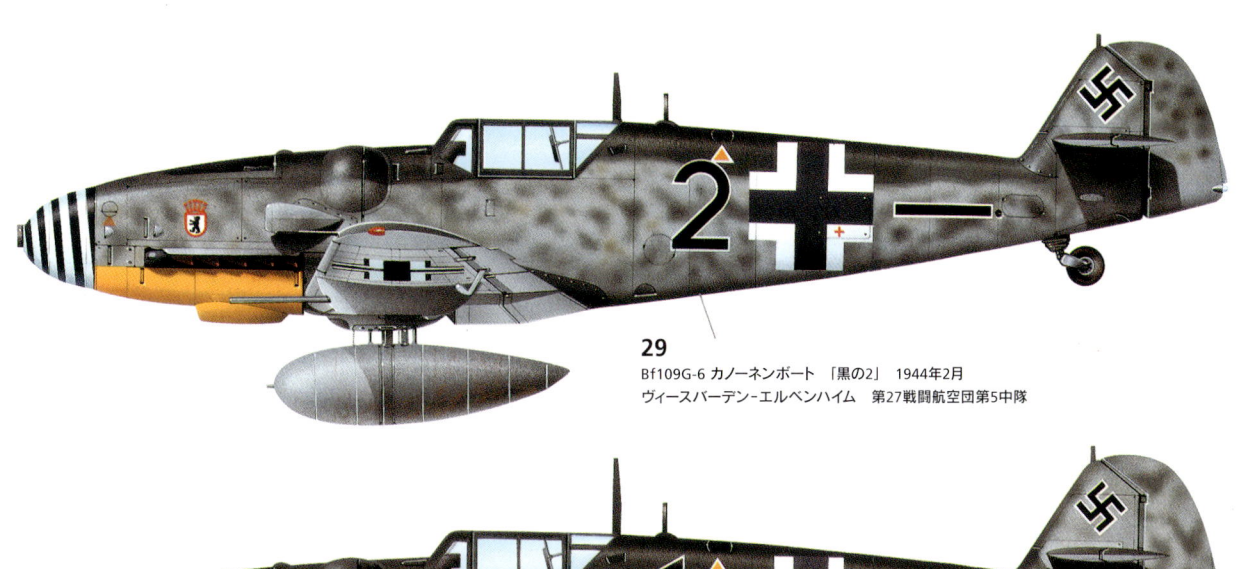

29
Bf109G-6 カノーネンボート 「黒の2」 1944年2月
ヴィースバーデン-エルベンハイム 第27戦闘航空団第5中隊

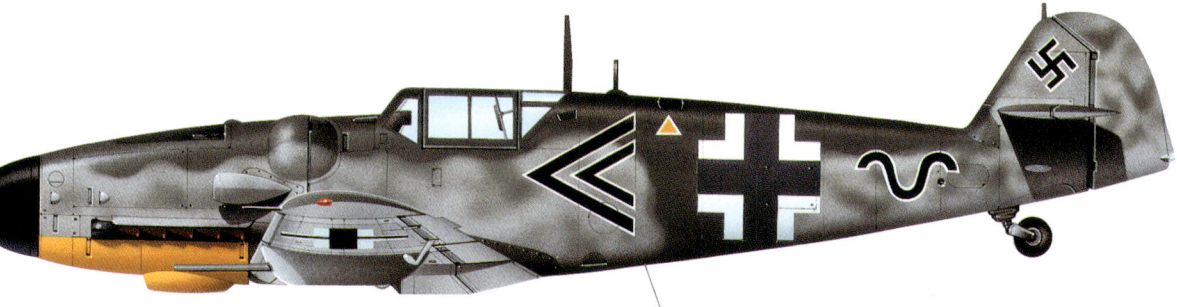

30
Bf109G-6 カノーネンボート 「黒の二重シェヴロン」 1944年3月
グラーツ-タレルホフ 第27戦闘航空団第Ⅳ飛行隊長 オットー・マイアー大尉

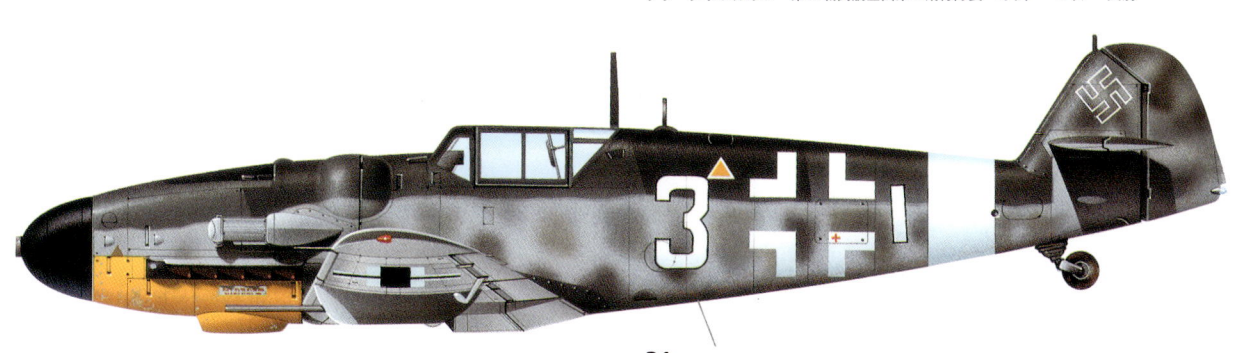

31
Bf109G-6 trop カノーネンボート 「白の3」 1944年4月 マレメ
第27戦闘航空団第7中隊 フランツ・シュタットラー軍曹

32
Bf109G-6 「白の5」 1944年6月 コナントル 第27戦闘航空団第7中隊

33
Bf109G-6/AS 「黄色の2」 1944年7月 フェルス・アム・ヴァグラム 第27戦闘航空団第6中隊

34
Bf109G-14 「白の14」 1944年9月 フーステット
第27戦闘航空団第13中隊長エルンスト-ゲオルク・アルトノルトフ中尉

35
Bf109G-14/AS(製造番号785750) 「青の11」 1945年3月
ライネ-ホプステン 第27戦闘航空団第8中隊

36
Bf109K-4 「赤の18」 1945年4月 バート-アイブリンク 第27戦闘航空団第2中隊

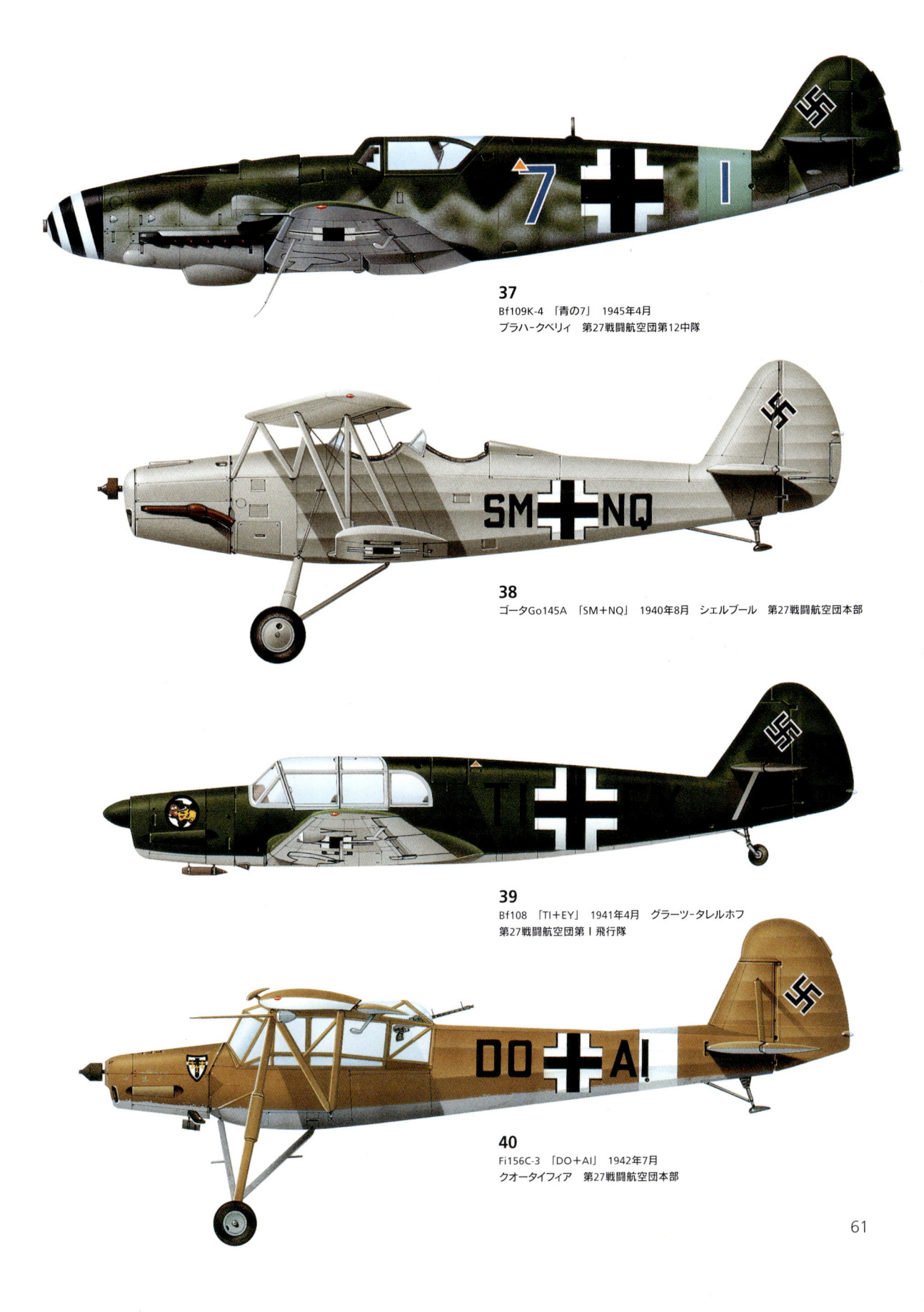

37
Bf109K-4 「青の7」 1945年4月
プラハークベリィ　第27戦闘航空団第12中隊

38
ゴータGo145A 「SM＋NQ」 1940年8月　シェルブール　第27戦闘航空団本部

39
Bf108 「TI＋EY」 1941年4月　グラーツ-タレルホフ
第27戦闘航空団第Ⅰ飛行隊

40
Fi156C-3 「DO＋AI」 1942年7月
クオータイフィア　第27戦闘航空団本部

第27戦闘航空団（JG27）の部隊章とマーク

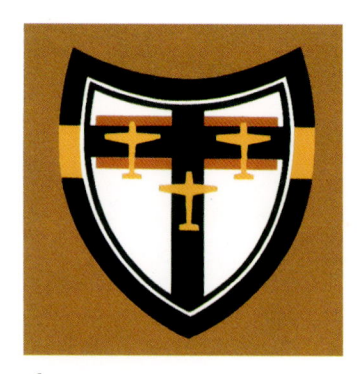

1
第27戦闘航空団の航空団章
Fi156とBf109Fのカウリングに記入

2
第27戦闘航空団第Ⅰ飛行隊の飛行隊章
Bf109E、F、GとBf108、Fi156のカウリング、それとコードロンC.445の機首に記入

3
第27戦闘航空団第2中隊の中隊章
Bf109Eのカウリングに記入

4
第27戦闘航空団第3中隊の中隊章
Bf109Gのカウリングに記入

5
第27戦闘航空団第Ⅱ飛行隊の飛行隊章
Bf109E、F、Gのカウリングに記入

6
第27戦闘航空団第Ⅱ飛行隊本部の隊章
Bf109E、Fの操縦席側面に記入

7
第27戦闘航空団第4中隊の中隊章
Bf109F、Gの操縦席側面に記入

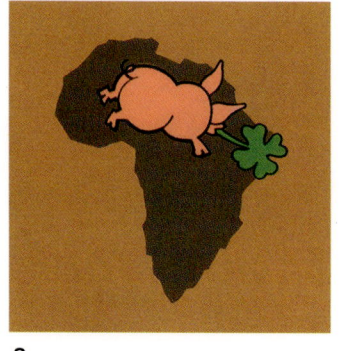

8
第27戦闘航空団第5中隊の中隊章
Bf109Fの操縦席側面に記入

9
第27戦闘航空団第6中隊の中隊章
Bf109Gの操縦席側面に記入

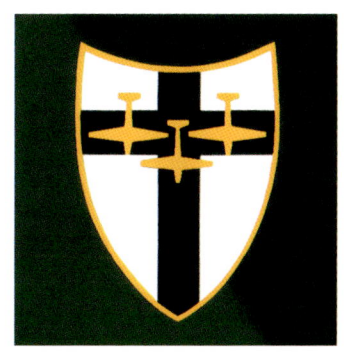

10
第27戦闘航空団第III飛行隊の飛行隊章
Bf109D、E、Fの風防下方とBf109F、
Gのカウリングに記入

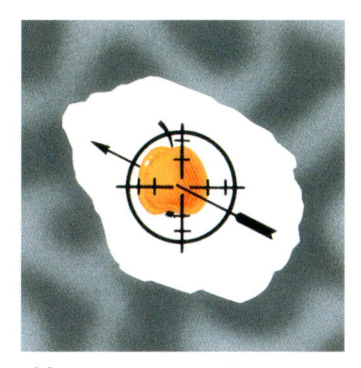

11
第27戦闘航空団第7中隊の中隊章
Bf109Gの操縦席側面に記入

12
第27戦闘航空団第8中隊の中隊章
Bf109Gの操縦席側面に記入

13
第27戦闘航空団第9中隊の中隊章？
Bf109Gの操縦席側面に記入

14
第27戦闘航空団第IV飛行隊の飛行隊章
Bf109Gの風防下方、あるいはカウリングに記入

15
第1戦闘航空団第2中隊の中隊章
Bf109Eの操縦席側面に記入

16
第27戦闘航空団第15（スペイン人）中隊の中隊章
Bf109E-7のカウリングに記入

17
第27戦闘航空団転換飛行隊の飛行隊章
Bf109Eのカウリングに記入

18
シアラー・シュヴァルム（4機編隊）
Bf109Eの操縦席後方に記入

63

chapter 4

アフリカ、航空団最良の時
africa - the finest hour

アイン・エル・ガザラ

　北アフリカにおけるドイツ国防軍の存在は、ギリシャへの介入のように、ヒットラーの同盟相手ムッソリーニの無能な軍隊にとっては決して小さくない力になるはずだった。イタリアのギリシャ侵攻が同国の抵抗に遭い失敗しかけただけでなく、侵攻の起点となったアルバニアに押し返されたように、1940年9月にイタリアのエジプトへの進撃は英連邦諸国軍にあっさりと食い止められただけでなく、リビアを半分横断しベンガジ港やその先まで押し返された。

　ヒットラーが1941年初めに、第5軽師団と第15戦車師団を主力に編成された「敵を牽制する」わずかな部隊を、南方の同盟者を助けるために送るよう説得されたのは、イタリアのアフリカ植民地が完全に失陥するのを阻止するためだった。総統の計画は純粋に守備的なものだった。彼はその部隊の指揮官、エルヴィーン・ロンメルという中将に「秋までは大規模な作戦を実施するな」と命じた。しかし、ロンメルは砂漠戦をどのように戦うかに関して別の考えをもっていた。対戦した英軍の補給線が延びきり、戦力不足に陥ったことをはっきりと理解した彼は、「武力偵察」の準備をすばやく始めた。

　第27戦闘航空団第I飛行隊の最初の小編隊が晴れて広い砂漠に着陸したのは1941年4月18日のことで、場所はアイン・エル・ガザラ飛行場だった。

1941年4月中旬にミュンヘンから北アフリカへ向かう途中、イタリアに立ち寄った際に撮影された、第27戦闘航空団第3中隊のBf109E-7 trop。胴体下に長距離飛行用燃料タンクをつけ、側面が白いタイヤを装着した手前の機体に注目。白タイヤは太陽光からゴムを保護する実用的な方法と報告されている。しかしそれらは、一番右の機体の操縦席にちらと見えるある若いベルリン子のような、きらびやかを好むパイロットにも適した装備だった。

いったんシチリアに到着すると、地中海を横断しリビアへ向かう最後の行程に対し準備が進められた。しかし画面の左外で発生した何かが第27戦闘航空団第1中隊のパイロット達の注意を一時的に逸らし、第1中隊長ヴォルフガング・レートリヒ中尉（地図を手にしている）と編隊を先導するBf110のパイロット（つば付帽子を被り、上下繋ぎの飛行服を着用）との打ち合わせを邪魔したように見える。カポックを詰めた救命胴衣を着用した右の人物はアルベルト・エスペンラウブ曹長。彼は1941年12月13日にエル・アデム近くの連合軍戦線の背後に胴体着陸した後、逃亡を図って命を落とすことになる。

トリポリに向かう長い洋上飛行の前に、さらに3名の第1中隊下士官が最後の煙草を味わっているところ。ハンス・ジッペル軍曹（左）とヴェルナー・ランゲ曹長（中央）はわずか数日しか生きられなかった。4月が終わる前、トブルク上空で英空軍戦闘機を相手に二人とも戦死を遂げた。ギュンター・シュタインハウゼン軍曹（右）は死後に騎士十字章を授与される運命にあり、1942年9月6日にエル・アラメイン近郊で撃墜されるまでに40機撃墜の戦果をあげる。

もし「百聞は一見に如かず」ならば、おそらくこの写真がそうであろう。回教寺院の光塔と椰子の木がすべてを物語る。第27戦闘航空団は北アフリカに到着した！

その時までにロンメルの「偵察行動」は本格的な攻勢へと爆発的に拡大していた。すでに彼はトブルクを除いたリビア全土を再占領しており、部隊はエジプト国境のソルムに到達していた。

エドゥアルト・ノイマン大尉率いるBf109部隊はアフリカへ送り込まれた最初のドイツ空軍単発戦闘機隊だったため、彼らは到着後ほとんどすぐに激しい戦闘に投入された。その頃はリビア・エジプト国境沿いの戦況が一時的な手詰まりに陥ったため、戦闘はトブルク橋頭堡の周辺に集中していた。そこの守備隊は包囲されていたが、ロンメル軍側に突き出て補給線に対する潜在的な脅威となっていた。

4月19日、第27戦闘航空団第I飛行隊はトブルクからガザラまで幅60kmに及ぶ沿岸部で最初の4機を撃墜した。すべてハリケーンだった。第1中隊長カール-ヴォルフガング・レートリヒ中尉が撃墜した2機のうちの1機が、第27戦闘航空団第I飛行隊の大戦開始以来100機目の戦果であった。もう1機はヴェルナー・シュロアー少尉の初撃墜戦果で、彼は第3戦闘航空団司令として大戦終結を迎えるが、剣付柏葉騎士十字章を受勲し英空軍、米陸軍空軍を相手に100機以上を撃墜した一握りのドイツ空軍パイロットに名を連ねる

第27戦闘航空団が20カ月に及ぶ駐留期間に展開した基地は、この北アフリカ沿岸部の地図に記してある。第二次世界大戦における最も激しい戦闘のいくつかが空中と地上で繰り広げられた場所である。
（作成：ジョン・ウィール）

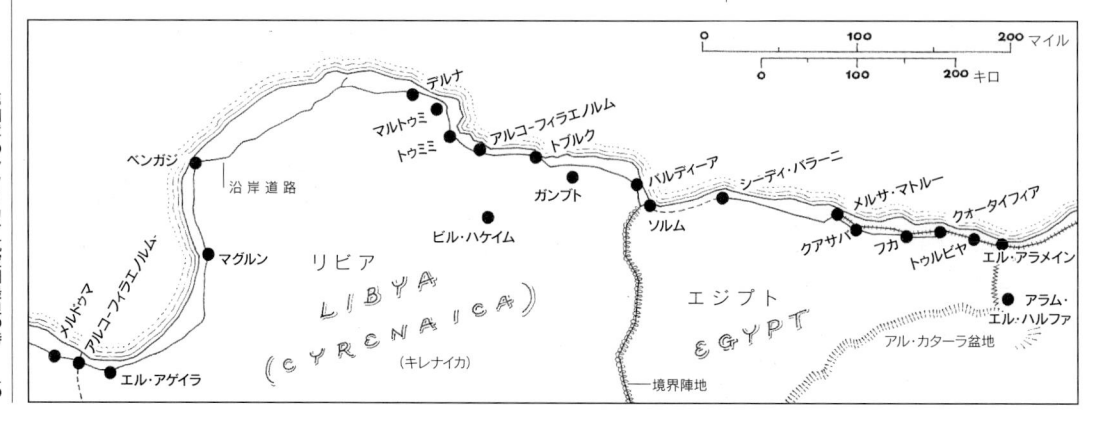

プロパガンダの道具にはより印象的な効果を必要とした。第3中隊機「黄色の4」の前に整列した第27戦闘航空団第I飛行隊旗を撮影した、この公式写真は本国において発表されることを前提とし、そしてさらに拡張を続けるドイツ空軍の影響力誇示を目的とした……

……北アフリカにおける実際の日々の生活は型にはまったものとはほど遠かった。第I飛行隊長エドゥアルト・「エドゥ」・ノイマン大尉の姿は、十分に着飾った砂漠の空軍隊員に好まれた服装の典型だ。砂漠用ヘルメット、日除けゴーグル（お好みで選ぶ）、カーキ・ブラウンの軽い上着、あるいはシャツ、踝までの靴下（画面外）とサンダル（画面外）である。

ことになる［シュロアーの最終撃墜数は114機で、東部戦線での12機以外はすべて西側連合軍相手の戦果である］。

その日撃墜したハリケーンの4機目はハンス・ジッペル軍曹の戦果である。翌日、彼はやはりガザラ上空でウェリントンを1機撃墜する。だが、翌4月21日に彼自身がトブルク上空で撃墜されて戦死を遂げ、第27戦闘航空団のアフリカにおける最初の人的損失となった。

ハンス-ヨアヒム・マルセイユ士官候補生が第27戦闘航空団隊員になって最初の戦果、やはりハリケーン1機をトブルク上空で撃墜したのは4月23日のことだった。これは「エドゥ」・ノイマンに次のような発言を促した。「我々はそのうちお前を立派な戦闘機パイロットにするだろう」。この飛行隊長はそれ以上確かな言葉は決して喋らなかった。しかし、わずか8機を撃墜しただけのマルセイユは、第27戦闘航空団第I飛行隊の先頭をゆく3名の撃墜者から大きく引き離されていた。

その3名とは、ルートヴィヒ・フランツィスケット、カール-ヴォルフガング・レートリヒ、それにゲーアハルト・ホムートの3中尉で、全員が10機台後半の戦

果をあげていた。これは彼らが「魔力のある20機」に近づきつつあることを意味し、それはまだ公式には騎士十字章の叙勲要件とされ、東部戦線における撃墜数はまだ天文学的数字に達していなかった！　そして実際に、彼ら3名とも数週間以内にその一流の勲章を授与されることになる。

　5月3日午前、第27戦闘航空団第3中隊はトブルク南方で1個中隊のハリケーンに突進した。ゲーアハルト・ホムート中隊長と、4機編隊長として出撃したハンス-ヨアヒム・マルセイユはそれぞれ2機ずつを撃墜した。この時までにトブルク橋頭堡内を基地とする少数の残存ハリケーンはエジプトに引き揚げていた。彼らの出発は、ロンメルが守備隊撃破のための最新かつ不成功に終わった企てを解くのと同時であった。両軍とも一息入れ再編のため休止した結果、以後2週間というもの同飛行隊の戦果はわずか3機だったが、すべてゲーアハルト・ホムートが撃墜した。

　神経を使うシュトゥーカ護衛任務と、いまや敵戦闘機がいなくなり（それ以降、「要塞」という用語はほぼ全面的に空襲に対する防御のための対空砲防衛網を指すことになる）トブルク上空の哨戒飛行から解放された第27戦闘航空団第I飛行隊は、さらに東方のエジプト国境にまで、あえて進出し始めた。そして、5月21日にブレニム爆撃機の攻撃阻止のため第3中隊が迎撃に上がり、ふたたびそこで空戦が発生した。彼らはその第14飛行隊機を5機撃墜した。2機はゲーアハルト・ホムートの戦果で、撃墜数が22機に達した結果、騎士十字章を受勲した。

　しかし、そうした爆撃機相手の成功は以後数カ月間の通例とはならず、きわめて例外であることがわかった。第27戦闘航空団の砂漠の戦いは全面的に対戦闘機戦闘に終始した。そしてブレニムを迎撃してから4週間後、その間にさらに12機のハリケーンを増大する戦果表に追加するが、第27戦闘航空団第I飛行隊は初めてひとつの連合軍戦闘機と遭遇する。それは他のどれにも増して主要な対戦相手となり、それ一種だけで同飛行隊が北アフリカにいた間の撃墜戦果600機のほぼ正確に半分を占めることになる。

　6月18日早朝にエジプト国境を越えたばかりの地点で、第1中隊が見慣れない敵戦闘機の編隊を襲った時、彼らは3機の撃墜戦果を単に「ブルースター」［バッファロー戦闘機と誤認したと思われる］と報告書に記載した。実際は、それらは再編された英空軍第250飛行隊のトマホークだった。その3機のうち、1機はヴォルフガング・レートリヒ中隊長の21機目の戦果で、同飛行隊ではアフリカに進出してから2人目の騎士十字章受勲者となった。3人目の受勲者が生まれるまでにさらに1カ月を要した。それは7月19日に飛行隊補佐官ルートヴィヒ・フランツィスケットが1機のハリケーン（トマホークと誤認した！）をソルム湾上空で撃墜して、手中に収めた。

マルセイユ開眼

　そのころ、ドイツ軍は英軍が敢行した二度の反攻を撃退したが、地上

これは後の少佐当時の写真だが、ゲーアハルト・ホムート中尉は第27戦闘航空団第3中隊長を務めていた1941年5月21日に、リビア・エジプト国境にある枢軸国軍の強力な陣地、カプッツォ要塞の南東でブレニム爆撃機2機を撃墜。砂漠で第27戦闘航空団の先頭を切って騎士十字章を受勲した。

ノイマン率いる他の2つの中隊長機が岩石の散乱するガザラの駐機場にいる。後方の「黒の1」は第27戦闘航空団第2中隊長に最近任命されたばかりのエーリヒ・ゲルリッツ大尉の乗機。一方、方向舵に20機の撃墜スコアが記入された手前の「エーミール」は、第2中隊長カール-ヴォルフガング・レートリヒ中尉の乗機（「白の1」）というだけでなく、この写真が1941年6月中旬に撮影されたことも物語っている。レートリヒの19機目と20機目の戦果はともにハリケーンで、6月15日にエジプト国境上空で撃墜した。21機目の「ブルースター」は同じ地域でその3日後に撃墜し、その結果レートリヒは騎士十字章を受勲する。

における戦力伯仲は続いていた。しかし今や、第27戦闘航空団第I飛行隊はエジプト空域へ以前より深く侵入し、戦闘半径を拡大するため、国境に近いいくつかの飛行場が集まったガンブトをたびたび足場に使った。比較的平穏だった8月が終わりに近づいた頃、過去2カ月間に戦果がなかった任官したてのハンス-ヨアヒム・マルセイユ少尉は、シーディ・バラーニ近くのエジプト沿岸沖で南アフリカ空軍(SAAF)のハリケーンを1機撃墜した。これはマルセイユの14機目の戦果だった。9月9日、彼はさらに2機のハリケーンを、枢軸国軍の重要な基地と港がありリビア国境から19km離れたバルディーア上空で撃墜した。9月13日と14日にもハリケーンを1機ずつ撃墜した。

そしてそれから、尋常ならざる何かが起こった。

ハンス-ヨアヒム・マルセイユ自身は後に1941年9月24日のことを、「あらゆるものが突然しかるべきところに落ち着いた日」といっている。ノイマン大尉が長らく待ち望んでいたが、それ以前は正しく示されることがなかった生来の技術がすべてひとつに集中し、彼がハリケーン4機とマーチン・メリーランド双発爆撃機1機を撃墜できたのはこの日だった。

これらの戦果により彼の撃墜数は23機に達した。彼の「ほとんど神秘的ともいえる」才能を完璧に開花するにはさらに数週間を要したが、すぐにその若いベルリン子の、敵にとっては致命的となる能力が伝説の域に達した。彼の驚異的な視力は死命を制す数秒間に誰よりも先に遥か遠く離れた最小の敵影を発見でき、完璧に習得した曲技飛行術で戦術的に有利な位置に取り付き、選んだ目標に対し獰猛に攻撃した。どんな状況でもたとえ見越し角度[相手の未来位置を予測して射撃する際の、相手機と自機を結んだ線と、相手の未来位置と自機を結んだ線がなす角度]が大きくても、射撃を始める正

わずか1カ月余り後に、飛行隊補佐官ルートヴィヒ・フランツィスケット中尉は3人目の騎士十字章受勲者となる。22機目の戦果であるトマホーク(実際は第73飛行隊のハリケーン)を撃墜した7月19日には、ゲーアハルト・ホムートが一時的に不在のため、彼は第3中隊長代理を務めていた。「ツィスクス」・フランツィスケットは第1戦闘航空団第I飛行隊に属する少尉として開戦に臨み、総撃墜数43機の戦果をあげ敗戦を迎えたが、第27戦闘航空団の第6代かつ最後の航空団司令を務めた。

第27戦闘航空団第I飛行隊のパイロットたちは、フランス戦やバルカン戦時に使ったような草地の滑走路が準備されていないことに次第に慣れたかも知れない。しかしアイン・エル・ガザラの、建築に使うレンガぐらいの大きさの岩が点在する砂漠はいくらか勝手が違った。あらゆるもののうちで一番の問題は飛行機のどんな機動にも発生する埃の雲だ。この写真で第2中隊のヴェルナー・シュロアー少尉は、自分の「黒の8」でまたも出撃に向かうためにタキシング中、直前に発進した機体によって発生した砂嵐から十分に離れている。

4機編隊(シュヴァルム)の離陸を空中から撮影したこの写真は、十分に間隔を広げた4機のすべてが長い砂埃を引きずっており、問題の深刻さを示している。もしこれがさし迫った攻撃の脅威に晒された飛行場からの緊急発進ならばどうだろう。死命を制する何分間かに地上における視界は極度に低下するのである。

しかし、いったん空中に浮かんだらまた話は違ってくる。そこで戦ったあるパイロットによると、北アフリカの西部砂漠は「地形的あるいは人工物を問わず一切の邪魔物がなく、そしてきわめて頻繁におとずれる無制限の視界という条件から、航空戦を遂行するのに完璧な場」となる。「白の3」が先導する第1中隊の「エーミール」2機が、特徴のない荒地上の澄んだ空気の恩恵を得て敵を武力で一掃する時、こうした言葉の伝えようとするすべてがわかる。

確な瞬間を知らせる計算機のような本能と、致命的な部分に命中させる正確な職人芸などを身につけたのだ。

実際、後に計算してみると、敵を1機撃墜するのに平均してわずか15発の弾丸しか要しなかった。これは他のどのドイツ空軍戦闘機パイロットよりも遙かに少なかった。彼は一度に多数機——時には6機まで——を撃墜し、弾倉に弾薬をまだ半分以上残して出撃から帰還することがよくあった！　多くの者が彼をドイツ空軍最高の射撃の名手と見なした。

「アフリカの星」はやっとのことで勢いをつけ始めた。そして、第27戦闘航空団第Ⅰ飛行隊の差し迫ったBf109Fへの機材更新が彼の撃墜数増大を急速なものへと変化させた。

9月末以降にヴォルフガング・リッペルト大尉率いる第Ⅱ飛行隊がアイン・エル・ガザラに到着したことで、第27戦闘航空団第Ⅰ飛行隊は一度に1個中隊ずつドイツに戻り、戦いにくたびれた「エーミール」を新品の「フリードリヒ」[Bf109Fのこと]と交換した。すべての機体を更新するまでに1カ月以上かかった。

第Ⅰ飛行隊から任務を引き継いだ第27戦闘航空団第Ⅱ飛行隊は、アフリカですぐに本調子となった。10月3日、同飛行隊はエジプト国境を越えてすぐにハリケーン2機を撃墜した。その2日後、もう2機を撃墜。そして10月6日にはさらにハリケーン3機とトマホーク2機を撃墜した。第27戦闘航空団第Ⅰ飛行隊とまったく同じく、第Ⅱ飛行隊はすでにエクスペルテ[Experte、本来の意味は

アフリカの空を我がものとし、全パイロットの頂点に君臨したのは、今や少尉に任官したハンス-ヨアヒム・マルセイユ（左）である。1941年10月までに彼の撃墜数は25機に達し、その功により金ドイツ十字章を授与された。写真は上官である第Ⅰ飛行隊長エドゥアルト・ノイマン大尉にその勲章をつけてもらっているところ。

第四章●アフリカ、航空団最良の時

1941年秋までに砂漠の第I飛行隊には、ドイツで褐色に塗られたBf109F-4 tropに更新した第27戦闘航空団第II飛行隊がようやく加わった。写真はそうした機体の1機、第5中隊の「黒の9」がまだ十分に砂嚢を積み上げていない爆風避けの横で燃料補給を受けているところ。北アフリカにあるドイツ空軍の主要戦闘機基地として7カ月以上も使われたアイン・エル・ガザラでは、砂嚢が唯一の防護物だった。

専門家だが、ここでは戦闘経験が豊富で多数機を撃墜したパイロットを指す。複数形はエクスペルテン:Experten]となっているか、その途上にある隊員たちを擁していた。北アフリカに進出してから最初に撃墜した10機のうち、騎士十字章佩用者で第27戦闘航空団第4中隊長のグスタフ・レーデル中尉と、彼の部下で将来を最も嘱望されていた下士官パイロットのひとり、オットー・シュルツ上級曹長が3機ずつを撃墜した。これらの戦果により彼らの通算撃墜数はそれぞれ24機、12機に達した。

未来のエクスペルテにして騎士十字章佩用者、オットー・シュルツ上級曹長が、第27戦闘航空団第II飛行隊本部に属するF-4 tropの操縦席に納まっているところ。飛行隊本部シュヴァルムの機体はカウリング上に記入された「ベルリン熊」の飛行隊章(画面外)だけでなく、操縦席側面に独自の記章を記入していることに注目。すでに絆創膏が貼られたお尻の同じ場所に弾丸がもう1発当たる寸前で、驚いている風のライオンが描かれている。この記章の変形で同飛行隊内で「絆創膏が貼られたアルヴィオン」として知られるものでは、ライオンの尻尾に英国国旗がはためいていた。

しかし、第27戦闘航空団第Ⅱ飛行隊にとっては損害もまた不可避だった。そして、戦闘による最初の人的損失は第5中隊のグスタフ-アードルフ・ランガンケ少尉で、10月7日にシディ・オマール近くで攻撃したSAAFのメリーランド編隊の反撃に遭い、撃墜された。

11月27日午前、アイン・エル・ガザラ近くで1機のブリストル・ボンベイを撃墜したのはオットー・シュルツだった。この時はなんと離陸、撃墜、そして着陸までにわずか3分しか要しなかった！ こうした旧式の双発輸送機はほんの一握りだけが第27戦闘航空団の砂漠での戦果表に載ることになるが、2機目はいくらか重要な意味をもつ戦果だった。今度の第216飛行隊機は、まだ未発達の空軍特殊部隊（SAS）隊員を敵戦線の背後にかつてないほど大規模に侵入させるために運ぶ5機のうちの1機だった。彼らの目的はその翌日に英軍が実施を予定していた大規模攻撃の先駆けとして、ガザラ-トゥミミ地区のドイツ空軍飛行場5カ所に分散配置されていた機体を破壊することだった。

結局、SASの作戦は「単なる失敗どころか、大失敗」に終わった。しかし、大規模攻勢は計画通り11月18日に始まった。トブルクを奪回し、ロンメルの部隊をキレナイカに追いやることを意図した「クルセイダー」作戦は、狙い通り両方とも実行された。

自然さえもが手を貸し、11月17、18日夜の雨嵐でガザラ地区の飛行場は泥沼と化し、Bf109にとっては出撃がきわめて困難となった。しかし状態が改善するとすぐに対峙する両軍戦闘機部隊の間で激しい空戦が発生した。11月22日、第27戦闘航空団第Ⅱ飛行隊はトブルク南方における一連の交戦で少なくとも10機のトマホークと3機のブレニムを撃墜した。同飛行隊は戦闘機4機を失い、パイロット2名が負傷した。そのひとり、飛行隊本部シュヴァルム（4機編隊）に属するカール・シェッパ少尉は、収容されていたイタリア軍野戦病院に投下された爆弾で翌日死亡した。

11月22日に撃墜したトマホークのうち、2機は飛行隊長ヴォルフガング・リッペルト大尉の戦果だった。翌日、彼はハリケーン1機の戦果を追加するが、どちらの場合も彼の乗機は大きな損傷を被った。イギリス側戦線の後方に落下傘降下する際、彼は尾翼にぶつかって両足を骨折した。最初、骨折は深刻ではないと見られた。だが、カイロの病院に入院後に壊疽に罹っていることが判明した。リッペルトは命が助かる唯一の手段と思われた、両足切断を拒絶した。最後に彼は同意したが、もはや手遅れだった。手術は12月3日に行われたが、重い塞栓症のため手術が終わった数分後に彼は死亡した。ヴォルフガング・リッペルトは正式な軍葬の礼を以てイギリス軍により埋葬された。

一方、第27戦闘航空団第1中隊は新型の「フリードリヒ」をもって戦列に復帰した。同中隊最初の戦果は11月12日のトマホーク1機だが、ドイツ空軍では一般的といえない協同撃墜だったため、中隊全体の戦果とされた。第27戦闘航空団第1中隊は11月22、23日にも激しい戦闘に巻き込まれた。2日間を合計した戦果は14機に達し、ちょうど半分をヴォルフガング・レートリヒ中隊長が撃墜した。一方で下士官パイロット2名が撃墜され、捕虜となった。

12月第1週の末までに第27戦闘航空団第3中隊もまた作戦に復帰し、ハンス-ヨアヒム・マルセイユ少尉が3日間でハリケーン4機を然るべく撃墜するという出来事があった。それにより彼の撃墜数は29機に達し、彼の中隊長ゲーアハルト・ホムート中尉と並んだ。今や友好的な好敵手という感覚で彼ら

25機目で最後の撃墜戦果（11月23日にビル・ハケイムの東で撃墜したハリケーン）をあげた直後に、連合軍戦線の背後で撃墜された第27戦闘航空団第Ⅱ飛行隊長ヴォルフガング・リッペルト大尉は、彼の呪われたBf109から落下傘降下した際の傷が元で、後にカイロの病院で死亡する。

1941年11月までに、レートリヒ大尉率いる第1中隊もまたF-4 tropへ機種転換を完了した。写真は、「白の2」のパイロットがエンジンの回転を急に上げて砂塵が舞い上がる前に、エンジン始動ハンドルをしっかり掴んだ整備兵が急いで機体から離れるところ。

2人の競争が始まった。第I飛行隊で彼らに先行する他の2人の撃墜記録保持者のうち、ヴォルフガング・レートリヒは撃墜36機でまだ先頭に立っていた。しかし、12月5日に彼はビル・エル・ゴビ南方で戦果を1機追加した後、空軍参謀本部の幕僚職に栄転した。彼の後任として第1中隊を率いるルートヴィヒ・フランツィスケット中尉の現下の撃墜数は24機に達していた。

こうした個人戦果は眼下の砂漠で現れつつある危険を食い止めるには不十分だった。もたついた始まりの後で「クルセイダー」作戦は今や勢いをもちつつあった。ガンブト周辺のドイツ空軍前線飛行場はすでに占領された。そして1941年12月7日——日本軍の真珠湾攻撃を世界が聞いた日[日本時間では12月8日]——に、長く続いたトブルクの包囲がついに解けた。その結果、ガザラの飛行場群が進撃する英軍戦車の進路上で次の目標となり、直接の脅威に晒された。同じ12月7日、第27戦闘航空団第I、第II飛行隊は基地からの撤退を余儀なくされた。第27戦闘航空団が北アフリカに進出していた全期間を通じて、第I飛行隊がアイン・エル・ガザラに駐留していた8ヵ月はひとつの飛行場から作戦した最長期間となる。

「アフリカの星」

2つの飛行隊のキレナイカを横断する長い退却路の最初の一歩は、ガザラから少ししか離れていなかsった。トゥミミには5日間しかいなかったが、前日の12月6日に第27戦闘航空団第III飛行隊がドイツからそこに到着していた。そして3個飛行隊にベルンハルト・ヴォルデンガ中佐の航空団本部が12月10日に加わったことは、全面的退却の最中ではあったが、英国本土航空戦以来初めて航空団全体が一体となり作戦することを意味した。

第27戦闘航空団の「フリードリヒ」にとっては、ほとんど戦闘しつつの退却であった。北アフリカに航空団本部が到着した日、砂漠慣れした第I飛行隊が全力出動した。ハンス=ヨアヒム・マルセイユは長くなる撃墜リストにトマホークをもう1機追加した一方で、エーリヒ・ゲルリッツ大尉率いる第2中隊は護衛をつけずに飛んでいたSAAFのボストン6機編隊を、1機を除きすべて撃墜

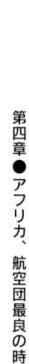

連合軍の「クルセイダー」作戦最盛期に、第27戦闘航空団の大半はマルトゥバで12月中旬まで休養していた。写真はアフリカに到着したばかりの航空団司令ベルンハルト・ヴォルデンガ中佐(毛皮の襟がついた服を着用)が、エルヴィーン・ロンメル将軍(つば付制帽とスカーフを着用)の幕僚車のボンネット上に広げた地図で、将軍と戦況を検討しているところ。

した。しかし、第27戦闘航空団第Ⅰ飛行隊は最も成功していた下士官パイロット2名を、不運という以上の状況下で喪失することになる。

12月13日、第1中隊のアルベルト・エスペンラウプ上級曹長は14機の戦果のうち前月だけで11機を撃墜していたが、エル・アデム近くの空戦で敗北した。彼は乗機「白の11」を何とか胴体着陸させ捕虜となったが、同じ日のうちに脱走を試みて監視兵に射殺された。さらに許し難いことは、その翌日に起きた第2中隊のヘルマン・フェルスター上級曹長の喪失である。フェルスターの13機目で最後の撃墜戦果は南アフリカ空軍のボストンの中の1機だった。放棄したばかりのトゥミミ上空で、オーストラリア軍のトマホークと格闘戦中に撃たれ、彼は落下傘降下を余儀なくされた。降下している最中に彼は射撃され戦死した。

この時までに第27戦闘航空団第Ⅲ飛行隊もやはり砂漠での戦闘に加わっ

12月13日にエル・アデム近くで胴体着陸した直後のエスペンラウプ上級曹長機、「白の11」の周りに集まる好奇心旺盛な連合軍の兵士たち。ただちに捕虜となったエスペンラウプは、同じ日の遅くに脱走を試みて射殺された。この写真が撮影される前に、記念品漁りがすでに方向舵から14機の撃墜スコアを切り取ってしまったのがよくわかる。

第四章 ● アフリカ、航空団最良の時

最も大きな危険に直面したのは疑いもなくパイロットだが、最も困難で原始的な状況の下で、毎日飛行機を飛ばす宿命を背負った地上要員にも思いやりを示すべきだろう。これは第3中隊（右側の酸素ボンベに第3中隊を意味する3.Stと記されている）の兵装係が20mm機関砲弾帯を点検しているところ。手前のジェリカンに記された文字は機関砲の潤滑油入れを意味する。

地上要員の他の任務には砂漠に不時着した機体の回収も含まれる。写真はまたも第3中隊員であるが、トラックで基地まで運ぶために「黄色の11」を注意深く分解しているところ。

た。同航空団で最も成功したパイロットにして唯一の柏葉騎士十字章佩用者が、12月12日のトゥミミ近くで最初の連合軍戦闘機を2機撃墜したのは驚くほどのことではないかもしれない。伯爵エルボ・フォン・カーゲネク中尉の撃墜数は67機に達した。しかしロシアで得た経験は北アフリカでの保証とはならず、12月24日にアゲダビア上空で第94飛行隊のハリケーンから射弾を浴びたのもフォン・カーゲネクだった。

腹に重傷を負ったにもかかわらず、彼はその当時同飛行隊基地があった75km後方のマグルムへ、傷ついた乗機に細心の注意を払いながら帰還し、不時着をやってのけた、と報告にはある。彼はただちに、最初はアテネの病院、それからナポリの病院へ移送され、そこで手厚い看護を受けたが、負傷が元で1942年1月12日に死亡した。

1941年最後の週までに第27戦闘航空団はキレナイカを横断して撤退を完

了した。航空団全体は今やアルコ-フィラエノルム[領土拡大のためカルタゴに生埋めにされたフィラエニ兄弟に因んだ名前のアーチで、大理石で出来ていたため英軍は「大理石のアーチ」と呼んだ]周辺の滑走路に集結した。ムッソリーニが建てたそのアーチは雄大な弧を描き、沿岸を通る道路を跨いでおり、彼のリビア帝国の二県、東にキレナイカ、西にトリポリタニアを分ける働きをしていた。

　短期間ではあるが占領していた6カ所かそれ以上の飛行場のほぼすべてで、多数の保有機を遺棄し爆破ながら撤退していくうちに、3つの飛行隊はいくらか惨めな状態になった。しかし悲惨な状態ではあったが、彼らは不屈だった。12月25日午前、第27戦闘航空団第I飛行隊長ノイマン少佐は部下の第1中隊長ルートヴィヒ・フランツィスケット中尉に命じた。

「『ツィスクス』。我々には作戦可能な109[Bf109のこと]が4機しか残っていないんだ、せめてクリスマスくらい、ドイツ軍機を少しは地上軍に見せることができるように、離陸したら中高度で沿岸道路に沿って飛んでくれ」

　フランツィスケット中尉は命じられた通りに飛行したが、その効果は意図したものとは正反対だった。ロンメルの主要な補給線のひとつに沿った交通路は過去、あまりにも連合軍戦闘爆撃機の攻撃目標となっていた。4機の接近が発見されるや否や、各車両は急ブレーキをかけて止まり、乗員は遮蔽物を求めて道の脇に飛び込んだ。エル・アゲイラ近くのイタリア軍野営地上空をBf109が旋回した時、終わりがやってきた。十分に狙い澄ました20mm対空砲弾がフランツィスケット機のキャノピーを粉砕し、破片が雨あられと彼の顔と眼に降りかかった。その負傷者には特別な医療が必要だった。そのため第1中隊は1942年3月まで中隊長に再会できなかった。

　フランツィスケットがとりのがしたものは多くはなかった。1942年1月中旬までに「クルセイダー」作戦はほぼ順調に進行していた。事実、1年前にウェーヴェル将軍がイタリア軍を追撃しキレナイカ地方に侵入して得た占領地は、その後失ったものの、オーキンレック将軍の最新の攻勢でそのほとんどを奪い返していた。しかし、ロンメル軍の中核と交戦し、それを撃滅するまでには至っていなかった。そして今や急襲反攻を仕かけるのはロンメルの番だった。

　1月29日、ロンメルはベンガジを再占領した（キレナイカの首都は1年足らずの間に四度も所有者が替わった！）。そして2月中旬までに彼はふたたびデルナ周辺の飛行場を手中に収めた。策略に富む「砂漠の狐」[英軍がロンメルにつけたあだ名]は、以後3カ月間そこに止まることになる。

　この期間の空戦はずっと「限定的」と述べられていた。しかしそうした用語は相対的なものであり、第27戦闘航空団の多数機撃墜者は相変わらず敵に出血を強いていた。2月中に航空団全体がデルナ複合施設の南東にあるマルトゥバ周辺の飛行場に戻った。彼らはそこで、第3急降下爆撃航空団第I飛行隊のシュトゥーカを含む、その地区に駐留する他のドイツ空軍部隊と「マルトゥバ近接支援飛行隊」(Nahkampfgruppe Martuba)を構成し、協同で作戦を遂行した。このその場限りの部隊は第27戦闘航空団司令が指揮し、後に「ヴォルデンガ戦闘隊」(Gefechtsverband Woldenga)と名称変更された。

1942年2月21日、ハンス-ヨアヒム・マルセイユ少尉はキティホーク2機を撃墜し撃墜数50機に達した結果、騎士十字章を受勲した。国際的な戦闘機乗りの友愛会でなら、どこの国の会員でもすぐにうち解けあえる例の身振りを交えて、彼は正午過ぎのトブルク西方での戦闘行動を再演している。第27戦闘航空団第3中隊のその日の戦果、キティホーク3機の3番目を撃墜したゲーアハルト・ホムート中隊長（右）は冷静に話を聞いている。

その後でマルセイユは、第27戦闘航空団のマルトゥバ基地で彼の地上要員のひとりが「黄色の14」、製造番号8693の赤い下地塗料が塗られた方向舵に50機目の撃墜スコアを記入しているところを眺めている。次第に増えつつあるマルセイユの複数機撃墜に対処する、一度に何機も記入するための10機分のステンシルに注目。

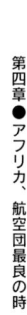

マルセイユの台頭

2月9日、第27戦闘航空団第3中隊のゲーアハルト・ホムートとハンス-ヨアヒム・マルセイユはともに40機撃墜に達した。だがその陽気な若いベルリン子は、その月が終わるまでに彼の中隊長をどんどん追い越していった。第II飛行隊に目を転ずると、オットー・シュルツは2月15日にトマホーク5機を10分間で撃墜し、やはり第4中隊長のグスタフ・レーデルに先行していた。

ハンス-ヨアヒム・マルセイユ少尉とオットー・シュルツ上級曹長はとうとう2月22日に騎士十字章を一緒に受勲した(それぞれ50機撃墜と44機撃墜の功による。元の20機撃墜という基準はとっくに褒賞委員会によって引き上げられていた)。マルセイユにとりそれは、6ヵ月余り後にダイアモンド・剣付柏葉騎士十字章を佩用することになる栄誉へと続く戦歴で、(ドイツ十字章以来)

今や地中海戦域で最多撃墜数を誇るハンス-ヨアヒム・マルセイユ少尉は有名人となった。この写真は地中海方面空軍総司令官のアルベルト・ケッセルリング元帥に紹介されているところ。左からマルセイユの親友、ハンス-アルノルト・シュタールシュミット少尉、エーリヒ・ゲルリッツ大尉、マルセイユ(背を向けている)、エドゥアルト・ノイマン大尉、ケッセルリング、そして第X航空軍団司令官のハンス・ガイスラー将軍。

1942年の前半、第II飛行隊のオットー・シュルツ上級曹長はマルセイユに肉薄する2番手につけていた。1942年2月15日午後、シュルツは一団のカーチス戦闘機を緊急発進して追撃し、マルトゥバを機銃掃射したばかりのキティホーク(第94飛行隊機と第112飛行隊機)をわずか10分間に5機撃墜した。地平線の彼方に立ち昇る煙はそのうちの2機からのもの、と報告されている。この撃墜により彼のスコアは44機に達し、その結果、マルセイユの受章から1週間後、マルセイユとともに騎士十字章を叙勲される。

第27戦闘航空団第5中隊の4機編隊が別の緊急離陸の準備を受けている。手前から2機目(「黒の5」)の整備兵が始動用クランクを回している一方で、列線で一番奥の「黒の10」に向かってパイロットと地上要員が走っている。手前の、胴体後部の白帯上に第Ⅱ飛行隊の横棒がはっきりと記入された「黒の4」は多分補充機と思われる。なぜなら、その後方の2機は飛行隊記号の上に重ねて白帯が塗られており、これはデベリッツ派遣機の方が可能性が高いと思えるからだ(カラー塗装図16も参照)。

最初の重要な公式の褒賞となった。しかし、シュルツにとっては終わりに近づいたことを知らせることになった。彼は中尉に昇進し、第27戦闘航空団第Ⅱ飛行隊付技術将校に任じられたが、6月17日にシーディ・レゼグ近くの索敵攻撃任務で51機目の戦果、第274飛行隊のハリケーンを1機落とした後、撃墜されて戦死した。

　3月23日、第27戦闘航空団第Ⅲ飛行隊は小さな分遣隊をクレタ島に派遣した。カステリに展開した「クレタ戦闘機隊」は、地中海東部のその島の戦略的重要性が大きくなるにつれ、年末にかけてゆっくりと増強された。東部戦線に派遣されていた期間の終わり近くにエアハルト・「ジャック」・ブラウネ大尉が指揮をとって以来(マックス・ドビスラフはヴェアノイヒェンの第1戦闘機学校の主任教官に指名され、離任した)、第Ⅲ飛行隊は自分たちのことを航空

カポックを詰めた救命胴衣を着用したエドゥアルト・ノイマン大尉は疑惑のまなざしを空に向けている。英空軍の新たな奇襲か、あるいは危険を伴う洋上哨戒飛行の後で帰還した部下の機体を数えているのであろうか？

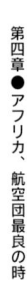

団の「何でも屋」部隊とすでに認識し始めていた。この見解は5月5日に4番目の中隊が追加されて補強された。その部隊名称が示すように、第27戦闘航空団第10（ヤーボ）中隊は戦闘爆撃任務を特に志向していた。

4月18日、「エドゥ」・ノイマンは彼の飛行隊がアフリカに進出して1周年になるのを記念し、砂漠で村の宿祭のような催しを開催した。マルトゥバのむき出しの広々とした土地は、色鮮やかで雑多な手作りの売店、付け足しの出し物、メリーゴーラウンドといった収集品で変えられた。近隣の全ドイツ、イタリア軍部隊からのお客は一日中続くお祭り騒ぎに招待された。

しかし第Ⅰ、第Ⅱ飛行隊のエクスペルテンたちはすぐに通常任務に戻ることになった。5月20日、グスタフ・レーデル中尉は第27戦闘航空団第Ⅱ飛行隊長に任じられた。彼と交替したエーリヒ・ゲルリッツ大尉は、北アフリカにおけるドイツ戦闘機隊戦力を増強するため、シチリアからマルトゥバに飛来中の第53戦闘航空団第Ⅲ飛行隊の指揮をとることになった。

35頁で見たエドゥアルト・ノイマンの元サーカス馬車もまた、砂漠でも家庭と同じように寛げる場所として第27戦闘航空団第Ⅰ飛行隊に提供された。側面を飾り立てたのは飛行隊自らが命名した、「ノイマンの多彩なキャバレー」を意味する文言である！ 飛行隊長が部下のパイロットの進歩を追うため、内部には奇抜な方法を講じていた。裸の土着美人の飾り物が壁中に描かれ、彼女たちの頭上にはそれぞれパイロット名が記されていた。パイロットが撃墜戦果を重ねるたびに、彼と同名の女のスカートに椰子の葉が追加された。一部の初心者が彼らの若い女性の憤み深さに報いるに十分な撃墜をようやく重ねる一方で、「ミス・マルセイユ」ははっきりと重ね着し過ぎだと感じていたに違いない！

やはり砂漠の住居で堂々と魅力的な女性が飾られたのは、マルセイユ自身のテントに他ならない。東洋の絨毯が敷かれ、梱包箱から作られた肘掛け椅子が置かれ、壁には彼が賞賛する多くの人物の肖像が掛かっていて、何人かは有名な女優とわかる。しかし、心理学者のフロイトならば、隅の巨大なクモの巣飾りについては何というであろうか？

1942年6月3日、ビル・ハケイム要塞の西でハンス-ヨアヒム・マルセイユ中尉は南アフリカ空軍第5飛行隊のトマホーク6機を撃墜した。写真はそのうちの1機を視察するロンメル将軍(スピナーの右の人物)。これら6機の戦果によりマルセイユの撃墜数は75機に達し、3日後に柏葉騎士十字章を受勲する。

　5月23日に第Ⅱ飛行隊が撃墜した12機のトマホーク、キティホークのうち2機は新飛行隊長の戦果で、レーデルの撃墜数は41機に達した。この時期に第Ⅰ飛行隊のマルセイユ中尉は毎日決まって2機ずつを撃墜していた。5月23日にトブルクの南東で彼が撃墜した爆撃機2機はそれぞれ63機目、64機目の戦果に相当し、ダグラスDB-7とされていたが、実際は第223飛行隊のマーチン・バルチモア2機で、同飛行隊が新型機を使った最初の実戦出撃だった。

　3日後の5月26日、エルヴィーン・ロンメル上級大将は「アフリカ軍団」を使い、エル・アラメイン目指した攻勢を開始した。しかし、最初に彼は連合軍戦線に突破口を開けねばならなかった。それは今や沿岸部のガザラから、約65km内陸に入った砂漠の中のビル・ハケイム要塞まで延びていた。

　「ヴォルデンガ戦闘隊」の任務から解放された第27戦闘航空団の戦闘機には、ゲルリッツの率いる第53戦闘航空団第Ⅲ飛行隊が増強され、ガザラの戦いでは最初の6週間に及ぶ大混乱をきわめた戦闘で決定的な役割を果たすことになった。6月3日はハンス-ヨアヒム・マルセイユにとって、それまでで最も成功した日となり、ビル・ハケイムの西でわずか10分ほどの間にトマホーク6機を撃墜した。驚くべきことに、彼は7.92mm機関銃2挺だけでこの離れ業を達成した。20mm機関砲は10発発射しただけで故障してしまったのだ！SAAF第5飛行隊のこれら6機のトマホークを戦果に収めたことにより、マルセ

病に倒れたベルンハルト・ヴォルデンガ中佐の離任により、エドゥアルト・ノイマンが第27戦闘航空団の指揮官に任じられた。1942年6月にトゥミミで撮影されたこの写真には、新任の航空団司令が部下の3名の飛行隊長とともに写っており、左から右にエアハルト・ブラウネ大尉(第Ⅲ飛行隊長)、グスタフ・レーデル大尉(第Ⅱ飛行隊長)、ノイマン少佐、そしてゲーアハルト・ホムート大尉(第Ⅰ飛行隊長)である。

イユの撃墜数は75機に達し、その結果6月6日に柏葉騎士十字章を授与された。

　これとは対照的に、ベルンハルト・ヴォルデンガ中佐はロシアでの撃墜4機に戦果を上積みできなかった。健康を害したことが砂漠上空の作戦で彼が航空団を率いるのを妨げた。そして、6月10日に彼は最終的に「バルカン方面戦闘機隊司令」(Jafü Balkan)へと昇進することになる幕僚職に栄転した。この時彼は航空団司令を務めた時の重要な記念品を残していった。航空団の部隊章は彼が以前第1戦闘航空団第I飛行隊のためにデザインした部隊章を基にしていた。大きな違いは、3つの小さなBf109の輪郭は今度は上を向いていたことである。元の記章に対する批判は、3機の戦闘機の下を向いた姿勢は逃げを暗示する、というものだった。

　ヴォルデンガの離任で一連の新たな任用が必要になった。エドゥアルト・ノイマン少佐が後任の航空団司令に就き、ゲーアハルト・ホムート大尉が第27戦闘航空団第I飛行隊長となり、ハンス-ヨアヒム・マルセイユ中尉が第3中隊を率いた。

　正確に1週間後の6月17日、ガンブト近くでトマホークとハリケーンを2機ずつ撃墜し、マルセイユの撃墜数は99機に達した。彼は消耗し、これでお終いにしようとしたが、彼が率いる4機編隊の隊員3人に元気づけられた。「さあやろうぜ、ヨヘン。今度は100機目だぞ！」。彼は体面がかかっているのを感じた。

　他とはぐれた1機のハリケーンを撃墜し、それが火を噴きながらガンブト南方の対空砲座に墜落し、ハンス-ヨアヒム・マルセイユは100機撃墜に到達した11人目のドイツ空軍戦闘機パイロットとなった。しかし西側連合軍だけを相手にしては最初のことだ！

　低空のハリケーンを撃墜した3分後に彼が101機目を撃墜するため急上昇したのは（それは高空を飛行していた写真偵察型スピットファイアで、もし正確に識別していたら英国本土航空戦以来、同航空団にとり最初のスピットファイアを記録していただろう）、第27戦闘航空団第I飛行隊がその前日に再占領したアイン・エル・ガザラの見慣れた環境に戻る前だった。

　翌日の6月18日、マルセイユはJu52/3mに搭乗しベルリンへ向かった。そこでは剣付柏葉騎士十字章を授与されることになっていた。彼はその重要な儀式を喜んだが、以後数週間の恩賜休暇中に郷里のその都市が熱狂的に彼

エアハルト・「ジャック」・ブラウネは飛行隊がまだ東部戦線にいた1941年10月に第27戦闘航空団第III飛行隊長に就任した。そして、もっと後になっても北アフリカで「ブラウネ飛行隊」は東プロイセンの出身地を忘れてはならなかったようだ。リビアの海岸線に沿った道路に立てられたこの標識は、ケーニヒスベルクからノイ・イェーザウ（同飛行隊が現在展開している砂漠の砂地の小区画名を意味すると思われる）を経由し、わずかに2999.9kmだけ離れていることを示している。

新任の第27戦闘航空団第3中隊長は葉巻をくわえ、彼の中隊の隊員を載せたキューベルワーゲン（フォルクスワーゲンのジープに対する回答）のハンドルを握り、おどけている。運転席の開いたドアが証拠を隠してはいるが、これはオットー（OTTO）と名づけられ、砂漠のトカゲなどの絵で飾り立てたマルセイユ自身の小型自動車にほぼ間違いない（111頁の写真も参照）。

第I飛行隊の無視できないもうひとりの人物は、ハンス-アルノルト・シュタールシュミットであった。写真は北アフリカへ移動前に、オルデンブルクで第27戦闘航空団の転換訓練中隊に属していた上級曹長時代の撮影だが、彼は北アフリカで撃墜戦果59機のすべてをあげる。風防の下に記入された記章──それは沈みつつある太陽を後方に配し、海に半分漬かった騎士十字章を示しているように見える──が中隊章か、「フィフィ」・シュタールシュミット自身の未来の予想に対する冗談半分の見解かはわからない［記章は最初の第27戦闘航空団第8中隊章といわれており、後にカラー塗装図の、白丸の中に黒い手を描いたものと替わった］。

を歓迎した方がもっと嬉しがった。今や、彼がかつて好意を得ようとしていた有名人やスターたちが、帝国最新の国民的英雄を見ようと群がってくるのだ。

米四発重爆の登場

一方、砂漠では情勢がすばやく変化していた。6月21日、前年から8カ月に及ぶ包囲に持ち堪えていたトブルク「要塞」が、わずか数日の戦いで占領された。3日後、アフリカ軍団は大挙してエジプト国境を越えた。ロンメルの戦車部隊は連合軍の主防衛線にぶつかるまで止まらなかったが、その北縁は沿岸を走る鉄道路のエル・アラメインと呼ばれた小さな停車場にしっかりと繋がっていた。

この時期に「ジャック」・ブラウネのいくらか影が薄い第Ⅲ飛行隊もまた多くの成功を収めた。すでに18機を撃墜し、最近第53戦闘航空団から着任したばかりの第27戦闘航空団第9中隊長ハンス-ヨアヒム・ハイネケ中尉は、6月15日に航空初の四発重爆撃機撃墜を記録した……不吉な事件の前兆だった。そのB-24リベレーターは、エジプト沿岸沖でイタリア海軍部隊を捜索していた小さな英米軍部隊に属していた。

ブラウネの部下でもうひとりの新任中隊長、第27戦闘航空団第9中隊長のヴェルナー・シュロアー少尉（元第I飛行隊補佐官）もまた存在感を示し始めた。着任した6月23日時点の撃墜数は11機だったが、2週間以内にこの数字を2倍以上に増やすことになった。

6月24日から26日までの間にノイマン少佐の航空団本部と三飛行隊全部がガザラ周辺とトゥミミの飛行場から前進し、ガンブトを経て、シーディ・バラーニに短期間集結した。同航空団機の車輪がエジプトの土地──それとも砂か？　に初めて触れたのだ。両軍とも負けるわけにはいかない決戦を準備していたこの時期、以後2週間というもの第27戦闘航空団の戦闘機はエ

シュタールシュミット率いる第2中隊の隊員だったフリードリヒ・ケルナー少尉（右）は、撃墜されたエル・アラメインから遠く離れ、捕虜となった後で授与された騎士十字章をつけて、（カナダの？）捕虜収容所で仲間の捕虜と一緒に雪の上に立っている。

ル・アラメインの前線に一層近づきつつあった。7月上旬から10月下旬まで第Ⅰ、第Ⅱ飛行隊は前線から50kmあまり離れたクオータイフィヤの周辺で主として作戦した。

7月中ずっとホムートとレーデルの部下のパイロットたちは敵を痛めつけた。彼らの獲物は連合国空軍が運用したほとんどすべての機種に及ぶが、第2中隊のハンス・アルノルト・シュタールシュミット少尉が7月7日にエル・ダバ近くで撃墜した「グラジエーター」は、振り返ってみると、イタリア軍のCR.42の可能性が一番高い！　その翌日、ものおじしない「フィフィ」・シュタールシュミットはハリケーン3機を撃墜して撃墜数が30機に達し、8月中旬までにさらに17機の戦果を追加するが、その前に騎士十字章を受勲する。

第27戦闘航空団にとって2機目のB-24を撃墜したのは、あと少しで騎士十字章を受章できる第1中隊のギュンター・シュタインハウゼン曹長だった。7月9日に枢軸国輸送船団の攻撃に差し向けられた6機の中の1機、そのB-24「イーガー・ビーバー」[やりたがりのビーバー、という意味]は炎に包まれ海に墜落した。シュタインハウゼンにとってその爆撃機は34機目の戦果に当たる。9月6日にエル・アラメインの南東における格闘戦で墜落し戦死するまでに、彼の総撃墜数は40機に達していた。死後に少尉への昇進と騎士十字章の叙勲が決まった。

シュタインハウゼンの行方不明が報じられた翌日、その当時は第2中隊長だったシュタールシュミット少尉を同じ地域で同様な状況下で喪失した。彼もまた死後に柏葉騎士十字章受勲の栄誉を受けたが、すべて砂漠であげた

戦果の最終撃墜数は59機だった。同じく9月6日には騎士十字章の叙勲が発令された。それは第2中隊のフリードリヒ・ケルナー少尉に贈られた。彼は36機撃墜のエクスペルテで2カ月前の7月4日にエル・アラメイン近くで空戦中に撃墜され、生き延びたが捕虜となっていた。

　英国本土航空戦に始まりバルカン戦と続いた伝統を引き継ぎ、北アフリカ戦期間中の航空団本部があげた唯一の撃墜戦果が、航空団本部付副官のエルンスト・ディルベルク大尉により7月に記録された。それは13日早朝にエル・アラメインの南西で撃墜した1機のハリケーンだった。

　エーミール・クラーデ上級曹長に率いられた第27戦闘航空団第5中隊の4機編隊が、第216飛行隊のボンベイ輸送機を偶然発見したのは8月7日のことである。しかしこの機体はSAS隊員を運んでいたわけではなかった。その代わりに、前線から負傷者を拾ってカイロの病院へ運ぶためヘリオポリスから離陸し、日常の飛行に従事していた。

　しかし前線滑走路のひとつでボンベイの18歳のパイロット、H・E・ジェイムズ軍曹は特別な乗客を待つよう命じられた。それはW・H・E・ゴット中将で、ほんの数時間前に第8軍司令官に任命され、今や緊急会議のためにカイロへ戻る必要があった。

　そのパイロットはエンジン過熱のため、枢軸国軍戦闘機の注意を引かぬように規定されていた高度15mを飛行するのでなく、150mに上昇することを選択した。それが彼の破滅を招いた。クラーデの最初の航過で、鈍重なボンベイはアレキサンドリア南東の砂漠に不時着を余儀なくされた。まだ動いている機体から数人の搭乗員と乗客が脱出しようと試みた。傷ついた機体にとどめを刺すためベルント・シュナイダー軍曹が行った掃射で、機内に残っていた人々はひとりを除いてゴットを含む全員が死亡した。ゴット中将は第二次大戦中に敵の銃火で殺された最高位の英国軍人であった。彼の死により、あまり知られていないバーナード-ロウ・モントゴメリーという人物が、代わりの第8軍司令官にすぐ任命された。

　そのボンベイは8月4日から19日までの2週間で第5中隊唯一の戦果だった。それより長期間に第27戦闘航空団第6中隊が何とか撃墜できたのは、キティホーク2機だけだった。しかし第Ⅱ飛行隊の残った第4中隊、あるいはもっと正確にいうと同中隊のわずかひとつの4機編隊だけが連合軍戦闘機を59機以上も撃墜した！　この巨大な撃墜数の不均衡と、その編隊の隊員以外に目撃者がいないため、重大な疑惑が持ち上がった。しかし上級の権威筋が関与する代わりに、そして多分飛行隊の他の隊員が疑念を表明し悪評を呈したため、感情を害した4機編隊を単に解隊することが決まった。その4機編隊長が次に撃墜を記録するまで丸々2カ月を要し、部下の下士官パイロットのひとりが8月19日に地中海上で「原因は不明だが」行方不明になった（戦果を偽った廉で告発され軍法会議にかけられるよりも、彼は故意に海に向かって降下することを選択した、と一部の者は示唆する）ことは記す必要がある。しかし、他の2人は基準に適ったかなりの戦果をあげることになる［ここで述べている4機編隊は編隊長フェルディナント・フェーゲル中尉以下、エルヴィーン・ザヴァリッシュ、フランツ・シュタイガー、カール-ハインツ・ベルンデルトのいずれも上級曹長から成る。8月19日に地中海上で行方不明になったのはザヴァリッシュだった］。

　クオータイフィヤではずっと緊張が高かったかもしれないが、第27戦闘航

空団第Ⅲ飛行隊のクアサバにおける8月中の生活はもっと退屈だった。3機のキティホークだけが同飛行隊の戦果表に追加され、その月の大半は海岸沿いの輸送車両の哨戒任務で過ごした。7月は遠くアレキサンドリアまでの目標に対し戦闘爆撃任務を遂行していた第10（ヤーボ）中隊は、今は前線に近接した駐車車両と大砲陣地に対する攻撃に従事していた。そして8月末に同中隊は第Ⅲ飛行隊の指揮下から完全に離れ、自立的に作戦する「アフリカ戦闘爆撃飛行隊」(Jabogruppe Afrika)を構成する一部となった。最後に、8月31日にはエル・アラメインの南でシュトゥーカを護衛中に、対空砲火の直撃弾で第7中隊長ヘルマン・タンガーディング中尉を喪失した。

マルセイユの死

第Ⅲ飛行隊の悲嘆は第27戦闘航空団第Ⅰ飛行隊のクオータイフィヤの駐機場には届かなかった。それには理由があった。剣付柏葉騎士十字章を佩用した第3中隊長がアフリカに戻り、任務に復帰したのだ。同じ8月31日の午前中にマルセイユ中尉はそれまでと同様なシュトゥーカ護衛任務中にエル・アラメインの南東でハリケーン2機を撃墜し、夕方の早い時間にもスピットファイア1機の戦果を追加した。

いまだに少なからぬ議論の的となっている出来事が起こったのは翌日のことだった。砂漠の戦いに参加した英空軍パイロットを含む多くの者が、マルセイユが9月1日に報じた連合軍戦闘機17機の撃墜に対し、妥当性を疑っている（この数字は東部戦線でエーミール・ランクが樹立した世界記録18機だけに抜かれる。本シリーズ第35巻「第54戦闘航空団 グリュンヘルツ」を参照のこと）。戦後の調査では、マルセイユの申告した17機すべてを確認することはできなかった。だが1機（スピットファイア）を除き、彼がキティホークと思って撃墜した機体の少なくとも半分は実際はハリケーンだったことが証明された。

マルセイユの対戦相手はおそらく2機、場合によっては最大4機が実際には撃墜されなかったにもかかわらず、その9月1日にエル・アラメインの東で3回の出撃で積み上げた戦果により、それは彼の戦歴で疑いもなく最も成功した日となった。

翌日にもう5機を撃墜してマルセイユ中尉の撃墜数は126機に達し、それ

ハンス-ヨアヒム・マルセイユ中尉が、未だに異論のあるものの、一日で17機を撃墜したのはエル・アラメイン前線上空で1942年9月1日のことである。この写真はベルリンで授与された剣付柏葉騎士十字章を着け、クオータイフィアで撮られた。

1942年9月最初の日はマルセイユの戦歴を通じて最も成功した日であったことはまちがいない。しかし、同じ月の最終日にはその戦歴に悲劇的な終止符が打たれることになる。第27戦闘航空団隊員のひとりが、Bf109G-2 trop、製造番号14256のほとんど識別不可能な残骸を、明らかに信じられない思いで見つめている。エンジンの欠陥が「アフリカの星」を死に追いやった。

ハンス-ヨアヒム・マルセイユ大尉の遺体はデルナで埋葬前に、トラックの荷台に安置され、栄誉護衛兵が側に立った。そこではケッセルリング元帥が感動的な送辞を演説した。

国民的英雄の肖像。この写真は空軍最高司令官ヘルマン・ゲーリングが署名し、シャーロッテ・マルセイユ夫人に送られたもの。下には「世界で最も偉大な戦闘機パイロットの思い出のために！ 我らが不滅のマルセイユ大尉の母へ。ヘルマン・ゲーリング、国家元帥」と書かれている。

によりダイヤモンド・剣付柏葉騎士十字章を受勲した。今度は直後のベルリンへの召喚はなかった。そして叙勲が報じられる9月4日までに彼の撃墜数はすでに132機に増えていた。翌週にはさらに12機の戦果が追加された。それから、マルセイユが9月15日に撃墜した敵戦闘機（すべて「P-46」と識別されたが、第27戦闘航空団のキティホークに対する誤った名称）7機のうちの6機目で撃墜数が150機に達した。彼はこの数字に達したわずか3人目のドイツ空軍パイロットだった［最初は1942年8月29日に到達したゴードン・ゴロプ、次は同年9月4日のヘルマン・グラーフ］。

　撃墜数150機に到達したマルセイユにはそれ以上の褒賞は与えられなかったが、その結果はただちに進級へとつながった。23歳の誕生日［12月13日］にはまだ3カ月足りないが、ハンス-ヨアヒム・マルセイユはドイツ空軍最年少の大尉となった。

　彼はまた西側連合軍を相手にして他を大きく引き離した最多撃墜王であった。しかもさらに7機の戦果を追加する。それらは9月26日に撃墜し、158機目で最後の戦果となったのはスピットファイアだった。これは沿岸を通る鉄道路でエル・アラメインから東に2つ先のエル・ハマンという小さな停車場近くで撃墜された。

　しかし復讐の女神はすぐ手の届く処にいた。9月26日の2回の出撃ではそれぞれ別の新型Bf109G-2 tropで飛んだ。同飛行隊の信頼がおける「フリードリヒ」に代わる予定の機体は、最初の6機を受領したばかりで全機がマルセイユ大尉率いる第3中隊に配備された。そのうちの1機、製造番号14256の「グスタフ」［Bf109Gのこと］が想像もできない、そして158機の空戦相手が為し得なかったことを完遂し、ハンス-ヨアヒム・マルセイユを殺した。

　9月30日にマルセイユは4機編隊を率いてまたも索敵攻撃に出撃したが、アラメイン前線の背後で彼の乗機のエンジンが燃え始めた。数秒後、操縦席に煙が充満した。煙にむせり、外を見ることもできず、マルセイユはドイツ軍戦線に戻ることを必死になって求め、僚機のヨスト・シュランク中尉に無線の

指示で導いてくれるよう頼んだ。その「グスタフ」は最初の実戦出撃だったが、発火から9分後に突如裏返しとなり大地に向かって急降下し始めた。マルセイユは脱出しようとして、身体が尾翼に激しくぶつかった。落下傘は開かず、生きているようには見えない彼の身体をシーディ・アブド・エル・ラーマンのちっぽけな白い回教寺院近くの平坦な砂漠に叩きつけられた。そこは地雷を埋めたロンメルの前線防衛線のすぐ背後だった。

　その早熟な若いベルリン子を戦闘機パイロットにするとかつて宣言した航空団司令エドゥアルト・ノイマン少佐は、彼の功績を称える布告を発した。それは以下の言葉で結ばれていた。

「我々の最も手強い対戦相手、イギリス軍に対する彼の成功は比肩するものがない。彼が我々の一員だったと誇ることができ、我々は幸せだ。彼の喪失が我々にとっていかなる意味をもつかを十分に表現する適切な言葉は見当たらない。彼は人間としても、兵士としても彼の範に倣うという責務を我々に残していった。彼の精神は手本として航空団に永遠に残るであろう」

　第3中隊のパイロットたちは彼らの「ヨヘン」を失い、各自それぞれの流儀で悲しみいたんだ。彼らはイチジクのケーキを分け合い、彼が好んだ「青いルンバ」を手回し蓄音機から聞いた。

北アフリカ最後の戦い

　2日後、最高司令部の特に理解ある顔触れによる配慮だったのか、あるいは単に作戦上有利な結果を狙ったのかもしれないが、第27戦闘航空団第I飛行隊は全面的な環境一新の機会を提供された。イタリアのかかとに当たる部分で完全にBf109G-2tropに機種更新してから、マルタに対して再開された空からの攻勢に加わるため、同飛行隊はシチリアに移動した。パチーノ

マルセイユの死は第27戦闘航空団にとって北アフリカにおける終わりの始まりを予告するもので、その直後からキレナイカを横断する退却が始まった。しかし、まだ空戦で勝利を収めることも、写真の第III飛行隊機「白の7」のような損害を被ることもあった。パイロットのヘルムート・フェンツル少尉は1942年10月26日に連合軍戦線の背後に胴体着陸し、捕虜となった。しかし奇妙なことに、この写真は墜落地点においてドイツ側が撮影したものだが、ドイツの国籍標識——それともおそらくは赤十字か——をハッキリと記入したトラック(実際は捕獲した英軍のベッドフォード)が写っていることだ。この地方は局所的な反攻の末、再度奪還されたのであろうか？

謎の写真その2。手前の機はたびたびイラストに描かれ、「エドゥ・ノイマンの後任の航空団司令、グスタフ・レーデルが1943年春にシチリアで使ったBf109と長い間考えられてきた。しかし、「白の三重シェヴロンと4」という目立つマーキングが記入された機体の左側を撮ったこの写真は、玉突き台のように平らで棘が黄褐色をした灌木が点在するという背後の地形から、アフリカの方をもっと強く連想させる。この機体は1943年1月にトリポリタニアで遺棄された第77戦闘航空団本部所属の1機、と現在は信じられている。しかし疑問を挟む余地のない証明は未だなされていない。

に駐留していた3週間近くの間に、同飛行隊は英空軍のスピットファイアを7機撃墜した。しかしパイロット2名を喪失し、1名は原因不明だが、もう1名はまたもエンジン故障で海に墜落した［Bf109Gはエンジン冷却液をF型までの水からエチレン・グリコールと水の混合液に変更したため、エンジン外壁の温度上昇に起因する点火異常、あるいは点火コードからの発火等の事故が当初は頻発した。このためカウリング側面に冷却用の小さな空気取入口を追加するといった対策が採られた］。

この時までに第27戦闘航空団第Ⅲ飛行隊はクアサバからトゥルビヤに前進し、アラメイン前線にもっと近づいた。しかし同飛行隊の士気は退潮にあった。撃墜戦果を得るのが相変わらず困難で、そのパイロットたちは航空団の「貧乏な身内」として扱われるのに飽き飽きしていた。しかし、彼らが第27戦闘航空団第Ⅱ飛行隊使い古しの「フリードリヒ」を引き渡された時だけその感情が高ぶった。それというのも、他の2個飛行隊はBf109Gに更新したのに彼らは旧型を飛ばし続けるわけで、G型の方が初期の事故発生率が高いにもかかわらず、これは多分遠回しの叱責だった！

「ジャック」・ブラウネは近々自分が第ⅩⅠ航空軍団の幕僚に栄転することを知り、そして彼の飛行隊の問題に心底から心配もしており、部隊になにがしかの精神を注入する試みで彼の後任にはハンス-ヨアヒム・マルセイユが任命されるべきだ、とさえ提案した。この申し出が真剣な考慮の対象になったかどうかはわからない。しかし「アフリカの星」はもはや存在しなかった。そしてエアハルト・ブラウネ大尉が10月11日に離任した時、彼の後任には元航空団本部付副官のエルンスト・ディルベルク大尉が任じられた。

第Ⅲ飛行隊の災難の海に浮かぶひとつの輝点をヴェルナー・シュロアー少尉が提供した。マルセイユと同類ではなかったが、第8中隊長は着実に戦果をあげ続けた。10月20日、彼は49機目を撃墜し騎士十字章を受勲した。それから3日足らず後の23日朝にエル・アラメインの東で2機の「P-46」を撃墜

し、戦果は51機に達した。

　だが、第Ⅲ飛行隊が問題を憂慮したにせよそうでないにせよ、もっと遙かに大きな災難が圧倒することになった。それは第27戦闘航空団だけでなく、北アフリカにいた枢軸国軍全体に影響を及ぼすことになる。その同じ夜遅くに882門の大砲が一斉に火を噴いた。夜から朝にかわって、モントゴメリー将軍はエル・アラメインの戦いを開始した。

　第27戦闘航空団第Ⅰ飛行隊はシチリアから急遽戻ったが、砂漠の経験が最も深いこの戦闘飛行隊をもってしても、もはや地上で進行している出来事に対し何ら影響を与えることができなかった。11月3日までに同飛行隊はエジプト上空で最後の13機を撃墜したが、そのうち2機は飛行隊長ゲーアハルト・ホムート大尉の戦果で撃墜数は61機に達した。

　この段階になると、三飛行隊すべての先頭を行く多数機撃墜者たちの戦果は驚異的な数に達していた。モントゴメリーの攻勢が始まった午前の戦場上空で、3機のP-40を撃墜したのは第27戦闘航空団第Ⅱ飛行隊長グスタフ・レーデル大尉で、63機目から65機目の戦果に当たる。もっと西で11月4日に第Ⅲ飛行隊が撃墜した2機のB-24の片方は、中尉に進級していたヴェルナー・シュロアーの60機目の戦果だった。

　11月4日は英連邦諸国軍がエル・アラメインで枢軸国軍の前線を突破した日である。ロンメルの大退却が始まった。11月12日までに最後のドイツ軍、イタリア軍部隊がエジプトから駆逐された。イギリス軍にとって「第三次ベンガジ競争」は終ったが、まだ走り続けていた。そして今度は一方向の競争だった。キレナイカを横断するこの進撃が押し返されることはなかった。それはアルコ-フィラエノルムを通っても続き（必然的に、イギリス軍は「大理石の門」を通った）、トリポリタニアを横断し、チュニジアにおける全枢軸国軍の降伏でようやく停止することになる。

　「エドゥ」・ノイマンの第27戦闘航空団はこの最後の屈辱を受けずにすんだ。キレナイカ西部の飛行場に退却する過程で多くの機体を遺棄せざるを得なかったが、航空団本部と第Ⅰ、第Ⅲ飛行隊は残ったBf109を第77戦闘航空団に引き渡し、11月12日に北アフリカから撤退した。

　第27戦闘航空団第Ⅱ飛行隊は1カ月近く後まで残留し、やはり保有機を第77戦闘航空団に引き渡してようやくアフリカを離れた。その間の末期にはトリポリタニア地方の境界線を越えてすぐのメルドゥマに駐留していたが、パイロット3名戦死という損害を被ったものの連合軍戦闘機6機を破壊した。すべてのうちで最後となる戦果にはキティホークこそふさわしかった。12月6日午前の同飛行隊の最終出撃で、第6中隊の初心者のひとり（ハンス・レヴィス少尉で、初戦果だった）が撃墜した。

　こうして第27戦闘航空団の20カ月に及ぶ北アフリカでの放浪冒険の旅は終った。

chapter 5

地中海、エーゲ海、そしてバルカン
the mediterranean, aegean and balkans

地中海戦域

　北アフリカからの撤退は第27戦闘航空団に新たな役割をもたらすことになった。それは同時に他に例を見ない「砂漠」航空団としての性格を終わりへと導いた。しかしすべてを呑み込むことになるドイツ本土防衛組織の歯車に組み込まれる前に、地中海と南東ヨーロッパ戦線でまだ重要な役目が残っていた。

　ぜひとも必要だった本国での休養と再編期間の後で、1943年2月下旬に航空団本部と第Ⅱ飛行隊はイタリアに南下し、シチリアへ渡った。ノイマン少佐の航空団本部はまだF-4 tropを使っており、シチリアの南岸から約32km内陸に入ったサン・ピエトロに展開した。第27戦闘航空団第Ⅱ飛行隊はG-4とG-6を混成装備し、激減した兵員を補うため今や多くの新隊員をかかえ、島の北西端のトラーパニ郊外から出撃を始めたが、時にはサン・ピエトロに分遣隊を送ることもあった。

　同部隊の任務は2つに分かれた。マルタに対する攻勢と、海と空からチュニジアへ増援部隊を輸送する枢軸国輸送部隊の護衛である。

　マルタはもはや数年前の要塞化した連合軍の前哨地ではなかった。マルタの戦闘機飛行隊、爆撃機飛行隊は今やシチリアの海岸まで押し寄せて戦

これがシチリア島の写真であることに何の疑いもない。背景に標高750mのエリス山が写っているため、場所は島の北西端にあるトラーパニ飛行場であることがわかる。手前の人物の一団は第27戦闘航空団第6中隊のパイロットと地上要員たち。前列中央でベルト・バックルの下に手を組んでいるのは、中隊長で未来の騎士十字章佩用者、ヴィリィ・キーンチ少尉である。この写真は1943年6月に撮影された。

っていた。そしてこれは、3月3日に第5中隊がスピットファイア6機を撃墜——午前中にサン・ピエトロの南で3機と、正午少し過ぎにマルタ沖で3機——した事実に十分表れている。このとき第5中隊に損害はなかった。

4機の英空軍戦闘機（各出撃で2機ずつ）はベルント・シュナイダー曹長が撃墜した。この4機の戦果でシュナイダーの撃墜数は18機に達した。しかし彼の前途有望に思われた戦歴は突然に閉じられた。少尉に昇進し飛行隊補佐官に任じられた彼は、4月29日に23機目で最後の戦果（米陸軍空軍のP-38）をあげた、その直後に撃墜された。

第82航空群のライトニングとシュナイダーの「黄色の3」はシチリア西方の海に墜落した。この時までに第27戦闘航空団第Ⅱ飛行隊の作戦は、シチリアとチュニジア間の幅が160kmある地中海「海峡」の難所をなんとか抜けようとする補給物資輸送船団の護衛にほぼ完全に集中していた。この時までに残存のアフリカ軍団はチュニジアへ閉じ込められており、彼らの背後は海で、第1軍、第8軍が合同した連合軍戦力と直面していた。そして、北アフリカに足場を維持するというヒットラーの決定は連合軍の決意に圧倒されており、連合軍は彼の脆弱な補給線の切断を意図した。

シチリアとイタリア南部の枢軸国軍基地から海と空を通って送られる増援部隊と補給物資の両方を遮断するため、「フラックス」作戦という特別な航空攻撃が4月5日に始まった。「フラックス」作戦最初の犠牲者は作戦が発動された日の午前中にチュニスに接近してきたJu52/3mの編隊だった。P-38に捕捉された31機の輸送機のうち13機と、護衛に当たった第27戦闘航空団第5中隊の「グスタフ」2機が撃墜された。

「フラックス」作戦の目的は途中の輸送船団を攻撃することだけではなかった。船団が出発、到着する港と飛行場に対する米陸軍空軍の「重爆」による爆撃もまた作戦の内容に含まれていた。その日の終わりまでに、「フラックス」作戦で合計26機の輸送機が破壊（うち11機は地上で撃破）され、さらに65機が損傷を被った。4月5日の第27戦闘航空団第Ⅱ飛行隊の戦果はそこそこの6機だった。しかし、この時の撃墜機——3機のB-17と3機のP-38——は象徴的な戦果であった。これから大戦の残りの数カ月間、第27戦闘航空団の対戦相手の大半は米軍になるのだった。

4月5日に撃墜を記録した中に未来の騎士十字章受勲者で第6中隊のヴィリィ・キーンチ少尉がいた。そして砂漠であげた17機の戦果に25機を追加し、キーンチはシチリア戦で最も成功した同飛行隊パイロットとなる。

しかし、増大する一方の圧倒的な連合国空軍の制空権に対し、わずかな個人戦果しか得られなかった。枢軸国の補給船は沈められ続け、輸送機は撃墜され続けて、第27戦闘航空団第Ⅱ飛行隊がこれを阻止することはほとんどできなかった。4月18日夕方、チュニスを発ちシチリアに戻る65機のJu52/3mを護衛する主力は、同飛行隊の12機足らずの「グスタフ」だった。輸送機は「3個の巨大なV字編隊」を組んで危険な旅に出発し、波頭のすぐ上の低高度を維持した。彼らが地中海上に10kmあまり進出したところで哨戒中の連合軍戦闘機に発見された。

その後の交戦は航空戦史上「シュロの日曜日[復活祭直前の日曜日のこと]の虐殺」として知られることになった。ユンカース機24機が撃墜され海に墜落し、さらに35機が傷ついてチュニジアの沿岸に不時着した。無事シチリアに到着したのはわずか6機だけだった！第27戦闘航空団第Ⅱ飛行隊にでき

第27戦闘航空団が北アフリカから地中海の北側沿岸部の飛行場にいったん撤退すると、英国砂漠空軍の戦闘機による地上掃射の危険は、米軍四発「重爆」による爆撃の脅威に取って代わった。飛行場の遠い端の残骸から煙が立ち昇るなか、地上要員が第Ⅱ飛行隊の「グスタフ」1機を安全な場所に押していく。この煙の源は墜落したB-24から、あるいは炎上しているBf109からと資料により異なるが、後者の可能性が高い。

たことは、第6中隊のアルビン・ドルファー曹長がスピットファイア1機を撃墜したことだけだった。

4日後、同飛行隊の第6中隊は、Me323ギガント──前身のMe321グライダーから発達した六発輸送機──14機をBf109 7機で護衛した際に、チュニジアの沖合で80機（！）と報告された連合軍のP-40とスピットファイアに襲われ、パイロット2名を喪失した。木とカンヴァス布に覆われた巨人機はすべて撃墜された一方で、第27戦闘航空団第Ⅱ飛行隊は襲撃機のうち3機を何とか撃墜した。

エドゥアルト・ノイマン中佐が戦闘機隊総監付幕僚部に加わるため、同航空団の指揮を離れたのは同じ1943年4月22日だった。彼の後任は第27戦闘航空団第Ⅱ飛行隊長のグスタフ・レーデル少佐だった。2人の前任者とは異なり、レーデルは地上にいる時だけでなく、空中に上がっても同じく自己の統率力に関し確固たる信念を持ち続ける人物だった。シチリアでの最後の2カ月間に航空団本部があげた全戦果5機──2機のB-17と3機のP-38──は彼が撃墜した。

第Ⅱ飛行隊の指揮官としてグスタフ・レーデルの後任には経験豊富な第8中隊長、ヴェルナー・シュロアー大尉が昇格した。シチリアに到着した時点で、シュロアーはすでに63機の戦果をあげていた。4月29日、その島の南部で手始めに2機のP-38を撃墜し、同飛行隊が7月にドイツへ引き揚げるまでにシュロアーの撃墜数は85機に達した。これによって彼は、地中海戦域の最終局面で第27戦闘航空団第Ⅱ飛行隊が破壊した敵機数に関し、今や第6中隊長となったヴィリィ・キーンチの次点につけた。

4月末までにチュニジアの最北東端であるボン岬の周辺に封じ込められた枢軸国軍にとって、差し迫る崩壊を避けることは不可能なほど、状況は悪化した。その月最後の週に第27戦闘航空団第Ⅱ飛行隊は少数の「遊撃隊」を北アフリカに派遣した。しかしアフリカ軍団の縮小しつつある橋頭堡の縁に沿った対地支援任務は成果が少なく、すぐにシチリアへ呼び戻された。2週間後、チュニジアにいた最後の枢軸国軍部隊は降伏した。そして地中海航空軍団という名称の下に統合された連合国空軍は、すでにその時までにヨーロッパの「柔らかい下腹」に対し関心を向けていた。

シチリアの戦い

はたして連合軍はどこを攻撃しようとしているのか。「柔らかい下腹」と呼ぶのにふさわしい場所は、シチリアのほかにはなかった。5月中ずっと、同島

の戦闘機基地は重爆撃機による一連の破壊的な爆撃を受けた。多くの損害を被りながら、対抗した第27戦闘航空団第Ⅱ飛行隊はその月に「重爆」20機以上と、護衛に随伴したP-38をほぼ同数撃墜した。同飛行隊の損害はパイロット数名が落下傘降下を余儀なくされ負傷したものの、今や「味方」の領土上で戦っているため、損失は戦死1名、行方不明1名に止まった。

　北アフリカ沿岸全部がもはや連合軍の手中にあり、英米軍攻勢の次の段階は南ヨーロッパへの侵攻を含むものであろうことが明白となった。しかしその作戦が狙っているのは正確にはどこかということはよくわからなかった。シチリアからイタリアの足下に進むのか、それともエーゲ海諸島を経由して北に向かい、ギリシャからバルカン半島を攻略するのだろうか？

　パンテレリア島にする大規模な空爆が実施されたことで、明らかに重要な手がかりが与えられた。シチリアとチュニジアのほぼ正確に真ん中に位置するこの岩だらけの島は、イタリアにとってはマルタ島と同じだった。それは地中海の航空戦で主要な役割を果たすことができ、そして果たすべきだった。しかし、英国国王がマルタ島に与えたジョージ勲章に匹敵する名誉を得るには至らなかった。実際、そこが名を残すのは空軍力だけで陥落させられたためであった。

　パンテレリアに対する絶え間なく激しい爆撃が始まったのは6月5日だった。その5日後に攻撃は最高潮に達し、その時は「空爆がきわめて高密度のため、目標上空に達した飛行機は爆弾投下前に列を作って待っている」と報告された。

　第27戦闘航空団第Ⅱ飛行隊にとって6月10日唯一の爆撃機戦果は双発のボストンだった。それは、シチリア南岸沖で「P-46」2機とともに飛行隊長ヴェルナー・シュロアー大尉が撃墜した。他の戦果はパンテレリア島近くで撃墜したスピットファイア3機だけで、そのうちの2機はヴィリィ・キーンチ少尉が落とした。しかし、同飛行隊は大きな代償を支払った。実際、シチリアに駐留した間を通じて最も甚大な損害だった。「グスタフ」10機が撃墜され海に墜落し、わずかにパイロット1名だけが生き延びた。ヴィリィ・キーンチの第6中隊は一番損害が大きく、6名を喪失した。第4中隊はパイロット3名の行方不明を報じた。第27戦闘航空団第5中隊唯一の喪失はハンス・レヴェス少尉で、彼は6カ月前に砂漠における航空団最後の戦果をあげたが、それ以降は2機

第27戦闘航空団第Ⅲ飛行隊にとって砂漠からの撤退は、砂漠迷彩機の使用終了を意味するものではなかった。クレタ島に到着後、1942年遅くにまたもや「フリードリヒ」の再配備を受けた時、少なくとも1機――この写真の「黒の11」――は古い褐色とヘルブラウの迷彩だった。以前の運用中に大きな損傷を被り、長期間かけて修理を行った後、前線配備に戻ったものと推定される。標準とは異なる胴体国籍標識（カラー塗装図20も参照）と、おとなし目なグレイとグリーン迷彩から、右翼が交換されたもののように見えることに注目。

の戦果を追加しただけだった。

　6月11日にパンテレリア島へ接近した連合軍機は降伏の印が掲げられていた、と報告した。今やシチリアに対する海からの侵攻上陸作戦を阻むものはなくなった。しかし、第27戦闘航空団第Ⅱ飛行隊はこの後に訪れる連合軍攻勢を、北アフリカにいた時と同じく終盤に逃れることになる。チュニジアの総崩れから逃れた他の戦闘飛行隊がシチリアに到着し始めていた。そして6月20日にヴェルナー・シュロアー大尉と部下のパイロットたちは、イタリアの踵にあるレッチェに飛ぶよう命じられた。

　ヨーロッパ本土に戻った同飛行隊には束の間の休養期間が与えられた。米軍重爆撃機はすでに「柔らかい下腹」深くまで食い込んでいた。彼らの爆撃目標で優先順位が高いのは、レッチェを含む枢軸国軍の飛行場だった。

第27戦闘航空団第8中隊はロードス島の基地から発進し、エーゲ海の玄関口を哨戒飛行した。このG-2 tropは中隊長ヴェルナー・シュロアー中尉の乗機「赤の1」である。方向舵にまさしく見えるのは少なくとも60機以上の撃墜スコアだ。シュロアーは北アフリカで撃墜した61機のスコアにより、最も成功したマルセイユに次ぐ砂漠のエクスペルテとなった。1943年2月11日にスカルパント沖で撃墜した2機のボーフォートが62機目、63機目の戦果であった。

3月にロードス島でイタリア空軍第154大隊のイタリア人パイロットたちがシュロアー機「赤の1」を真近から眺めている。しかし、枢軸国の同盟相手で隣の島同志の友好関係を強固にするこの試みは、6カ月後にイタリアが連合国と単独講和をすることで失敗することになる。主翼の上に立っている第27戦闘航空団第8中隊の下士官はアルフレート・シュティックラー曹長である……

……この写真ではシュティックラー(左)が愛機の方向舵に4機目のスコアが記入されるところを眺めている。それは6月13日に撃墜した英空軍のボーファイターだった。

そうした7月2日の爆撃で、第27戦闘航空団第II飛行隊は護衛のついてない22機のB-24編隊から6機を撃墜する、というまれな成功を収めた。

8日後、英米軍がシチリアに上陸した。侵攻第1日目の午後に、第27戦闘航空団第II飛行隊は長距離用落下燃料タンクを装着してシラキューズ周辺のイギリス軍が上陸した海岸を攻撃し、スピットファイア3機を撃墜することができた。翌日の7月11日に彼らはイタリア上空の戦いに戻り、クロトネの南でB-24 2機を撃墜した。

第53戦闘航空団とともに戦うため、7月12日には小さな分遣隊がシチリアへ戻った。その短い滞在期間中にさらにスピットファイア3機を撃墜したが、3日後にイタリアに戻るよう命じられた時は出撃不能のBf109 3機を遺棄した。レッチェは最近の爆撃で駐留に適さなくなり、同飛行隊はブリンディジ北方のサン・ヴィート・デイ・ノルマンニに展開した。

第27戦闘航空団第II飛行隊は7月16日にそこから発進し、地中海戦域では最後となる大規模空戦を戦った。30分足らずのうちに、同飛行隊のパイロットたちはイタリアのバリにある飛行場を爆撃する部隊の一部だったB-24 6機の撃墜を報じた。彼らは1名が戦死、もう1名が重傷を負った。負傷にもかかわらず第5中隊長エルンスト・ベルンゲン大尉はサン・ヴィートに帰還し、なんとか不時着に成功した。

その後の数日間にさらに5機の戦果(「重爆」3機とスピットファイア2機)を追加し、4名の損失を被った(ベルンゲンの後任の第27戦闘航空団第5中隊長を含む)が、同飛行隊のイタリアでの駐留期間は急速に終わりに近づきつつあった。7月28日、第27戦闘航空団第II飛行隊は出撃可能な最後の「グスタフ」17機を他の部隊——主として第53戦闘航空団——に引き渡し、短い休養と再編のため鉄道で本国へ戻るよう命じられた。

エーゲ海戦域

グスタフ・レーデル少佐の航空団本部は第II飛行隊とともに6月後半はレッチェに駐留していたが、やはり7月にイタリアを離れた。しかし北方のドイツでなく東はギリシャのカラマキに向かった。柏葉騎士十字章を最近受勲したばかりのレーデルは、そこで同航空団の遠方に派遣された他の2個飛行隊を直接の指揮下においた。アフリカ戦を経験した第27戦闘航空団第III飛行隊と、最近編成されたばかりの同第IV飛行隊である。

操縦席の上に日傘が広げられた2機のG-6 tropは新編の第27戦闘航空団第IV飛行隊に属し、アテネ北西のだだっ広いタナグラ飛行場で1943年7月に真昼の陽光を浴びている。おそらく警急当番の2機と思われ、通報があり次第ただちに発進できる準備を整えている。両方の「グスタフ」(「黄色の7」と「黄色の15」)とも、第IV飛行隊の他に例を見ない上下二本の横棒を胴体後部に記入している。

遡って1942年11月に第Ⅲ飛行隊がリビアを離れた時はクレタ島のカステリに向かった。そこにほぼ4カ月駐留し、はっきりと「休養していた」が、同時にギリシャとエーゲ海への進入路の警護も担当した。1943年初めの数週間、第27戦闘航空団第8中隊はロードス島に派遣された。そして、同飛行隊にとり新年最初の戦果2機をあげたのは第8中隊長ヴェルナー・シュロアー中尉だった。

　シュロアーは2月11日にスカルパント島の沖合で撃墜した2機をボーフォートだと識別した。しかしそれらは、2月15日に英空軍第14飛行隊によって行方不明と報じられたマローダー2機である可能性が高い。識別を誤ったのはマローダーが比較的新しい馴染みのない機種だからで、日付の混乱はシュロアーがその時クレタ島に帰還し、それから結婚するため故郷に出発したからだと思われる。多分彼は他のことに気を取られていたのだろう！

　地中海東部の情勢は平穏なままだったが、3月に第7、9中隊はイタリアのバリでBf109Gに更新するよう命じられた。第27戦闘航空団第Ⅲ飛行隊は長期間運用した「フリードリヒ」にようやく別れを告げようとした。機材更新が完了すると、その2個中隊はシチリアのサン・ピエトロに送られ、マルタに対する作戦に加わった。その結果、第27戦闘航空団第Ⅲ飛行隊は戦果2機を新たに加えた。それは4月12日に第7中隊長ギュンター・ハナック中尉が撃墜したスピットファイア2機だった。ハナックはすでに41機を撃墜していた騎士十字章佩用者で、最近第77戦闘航空団から異動してきたばかりだった。これはハナックが新しい航空団であげた唯一の戦果となった。1カ月足らず後の5月5日、マルタ上空でエンジン故障により不時着を余儀なくされ、彼は捕虜となった。

　短期間だけチュニジア向けの輸送船団護衛任務に従事して新型の「グスタフ」6機を喪失した後で、第7、9中隊は5月下旬に東方に向かい、ギリシャ本土でアテネ北西のタナグラにある同飛行隊の新基地で第8中隊と合流した。同時にヴェルナー・シュロアー大尉が第27戦闘航空団第Ⅱ飛行隊長に任命されたため、第8中隊はディートリヒ・ベスラー中尉が指揮をとることになった。

　しかしまったく新しい飛行隊を創設するための計画がまとめられ、もっと大きな変化が起きつつあった。第1戦闘航空団第Ⅰ飛行隊から第21戦闘航空団第Ⅰ飛行隊が生み出されたように戦前と同じ「母が子を生む」手法を使い、今度は第27戦闘航空団第Ⅳ飛行隊の編成に当たって、第27戦闘航空団第Ⅲ飛行隊が主に助けとなった。ベスラー率いる第8中隊が丸ごと新編飛行隊のカラマキの基地に移され、そこで第27戦闘航空団第12中隊と名称変更された。第10、第11中隊は寄せ集めで創建されたが、やはり相当数の元第Ⅲ飛行隊員を含んでいた。第27戦闘航空団第Ⅳ飛行隊の指揮はルードルフ・「ルディ」・ジナー大尉に委ねら

東部戦線で120機撃墜の戦果をあげたエクスペルテ、ヴォルフ・エッテル中尉は再編成された第27戦闘航空団第8中隊の隊長に着任したが、7月17日にシチリア島のカターニア南方で英軍陣地を低空攻撃中に対空砲火の犠牲となった。

航空団司令グスタフ・レーデル少佐が、新たに自分の指揮下に入った第Ⅳ飛行隊と8月にカラマキで対面し、カップに何か飲物を注いでもらっている。注いでいるのはルードルフ・フィリップ軍曹。G-6「カノーネンボート」の翼下で椅子に腰を下ろしているのは左から順に、エルンスト・ゲオルク・アルトノルトフ中尉、レーデル少佐、アルフレート・ブルク中尉（JG27第11中隊長）、エルンスト・ハックル曹長。8月1日のプロエスティ爆撃の際に撃墜されたB-24 5機のうち、彼ら4名の第Ⅳ飛行隊パイロットが1機ずつを撃墜した（5機目はハンス・フロール少尉の戦果）。

れたが、彼は前年から第6中隊長を務めていた。

　以後数週間、第Ⅳ飛行隊はカラマキで練成に忙しく、その過程で死傷者がいくらか出た。一方、第27戦闘航空団第Ⅲ飛行隊は第Ⅳ飛行隊創設に関わった後で戦力回復のためレッチェに後退した。新編の第8中隊が6月第1週に再建され、ヴォルフ・エッテル中尉がこれを率いた。彼は第3戦闘航空団第4中隊に属して東部戦線で120機を撃墜し、すでに騎士十字章を受勲していた。

　6月末にかけて第Ⅲ飛行隊はギリシャのアルゴスに戻ったが、エーミール・クラーデ少尉の第7中隊から4機編隊が抽出され、クレタ島のマレメに派遣された。しかし7月10日に連合軍がシチリアに侵攻し、同中隊がイタリアのブリンディジに大急ぎで呼び戻されたため、エーゲ海に近づく交通路の哨戒に戻るのは困難となった。

イタリアの降伏

　7月15日、パイロットたちはシチリア東部の対地支援任務に当たるため、Bf109に長距離落下タンクをつけて飛んだ。そこではヴォルフ・エッテルが121機目の戦果（スピットファイア）をあげた。翌朝に同じ場所で彼はもう1機のスピットファイア、そして昼過ぎにイタリア南部で2機のB-24を撃墜した。しかし第27戦闘航空団第Ⅲ飛行隊はその2日間に「グスタフ」6機を失った。そして翌日にはもっと悪いことが起こった。

　7月17日、カターニアの南で英軍部隊を攻撃中に、対空砲火で同飛行隊の戦闘機5機が撃墜された。操縦していたG-6に直撃弾を浴びた第8中隊長を含む、パイロット4名が戦死した。ヴォルフ・エッテル中尉には柏葉騎士十字章が8月31日付で授与された。

　その時までに、第27戦闘航空団第Ⅲ飛行隊はブリンディジから撤退してしばらく経っていた。もはやあたりまえの手順となった、少数の出撃可能な残

1943年遅くに第7中隊の「グスタフ」4機編隊が、重要人物を乗せエーゲ海を飛行中のHe111を近接護衛している［この写真はそのHe111から撮影されたが、4機目の「白の1」はHe111の左側を飛行していたため写っていない］。カメラに一番近い機体は4機編隊長で、第27戦闘航空団第7中隊長でもあるエーミール・クラーデ少尉が操縦している「白の2」である。いくらか不思議なことに、2番目の戦闘機の垂直尾翼は、通常は中隊長機を意味する全面白に塗られている（カラー塗装図25を参照）。通常の第Ⅲ飛行隊標識である縦棒を今や3機とも記入していることに注目。さらに「白の9」と「白の7」はどちらもカウリングに飛行隊章、操縦席側面には新たに導入された第7中隊章を記入している……

……同じ隊章が記入されているG-6 trop「カノーネンボート」の「白の8」は、12月1日にクレタ島のマレメで災難にあった。ウイリアム・テルの古事にちなみ、照準器に捉えられたリンゴをかたどった中隊章は公募で選ばれ、そのデザインの優勝賞品は8日間の特別休暇の許可だった！

存機を同じ地区にいる他の戦闘飛行隊（多分、第53戦闘航空団第Ⅰ飛行隊と第3戦闘航空団第Ⅳ飛行隊）に譲り、同飛行隊は列車に乗ってオーストリアに向かって、またも再編にあたることになった。その結果、実戦で試されていない第Ⅳ飛行隊だけが地中海東部とエーゲ海の唯一の守護者として残った。それが、航空団司令グスタフ・レーデル少佐が航空団本部を率いてカラマキに移動した時の状況である。

第27戦闘航空団第Ⅳ飛行隊はすでにその時までに撃墜戦果をあげており、7月9日に第12中隊のマルメの基地を爆撃（不運な兵装係1名が死亡）した、護衛のつかない23機のB-24編隊のうち2機を撃墜した。

そして、第Ⅳ飛行隊に次の成功をもたらしたのは、ずっと大規模で、やはり護衛のつかないB-24編隊に対するよく知られた攻撃時である。8月1日早朝、ルーマニアのプロエスティ精油施設に向かう3200kmの周回飛行のため、ベンガジ周辺の砂漠の基地から合計178機のリベレーターが離陸した。彼らは行程の大部分をドイツ空軍のレーダーに捕捉されたが、第27戦闘航空団第Ⅳ飛行隊は目標地区の近くで発生した歴史的な空戦に参加しなかった。しかし、爆撃機が地中海を横断するリビアへの復路で最後の行程に入る前にアルバニア海岸を通過中と報告されると、第11中隊長アルフレート・ブルク中尉に率いられた「グスタフ」10機は、生き残ったB-24の集団を待ち受け、午後遅くに会敵地点に向かった。

Bf109にとってほとんど航続性能の限界だったが、海面すれすれを飛行する爆撃機をセファロニア島の西で迎撃し、燃料不足から離脱するまでに5機を撃墜した。B-24が南方への進路を切り開く時に第10中隊のパイロット1名が防御銃火の反撃で撃墜された。

1943年9月8日のイタリアの無条件降伏が突如として地中海における作戦にまったく新しい様相を呈するまで、その後の数週間は重要な出来事がほとんど起こらなかった。

第27戦闘航空団第Ⅳ飛行隊の最多撃墜者になる運命のハインリヒ・バルテルス曹長は、北極戦域の第5戦闘航空団から転属したとき、とっくにエクスペルテになっていた。すでに49機を撃墜していた彼はすぐに戦果を重ねた。この写真はバルテルスがカラマキに帰還し、翼を振って新たな戦果をあげたことを伝えているところである。今や第Ⅳ飛行隊の「グスタフ」には、第27戦闘航空団第Ⅲ飛行隊の手放した波形符号が記入されていることに注目。

　イタリアの降伏は第27戦闘航空団に多くの点で影響を与えた。人事面では第Ⅳ飛行隊の初代飛行隊長がすでに犠牲となった。正式な降伏前に隣のイタリア陸軍部隊と「不当な銃火を応酬した」廉で、ルードルフ・ジナー大尉が生け贄となり、9月中旬に東部戦線の第54戦闘航空団第Ⅳ飛行隊長に左遷させられた。ジナーの職務はディートリヒ・ベスラー中尉が飛行隊長代理として代行した。

バルカン半島への脅威

　イタリアが枢軸国陣営から脱落した影響はエーゲ海にも広く及んだ。それというのも、そこの大部分の島はイタリア軍に占拠されていたからである。ドイツ軍はエーゲ海の入り口にあるドデカネーゼの12の島々をすぐに占領したが、最初は戦力が薄く広がり、主要な3つの島に上陸しようとしたイギリス軍を阻止できなかった。2日以内にスピットファイアが飛来し、コスの飛行場を使いだした。

　このギリシャとバルカン（チャーチルがいつも好んだ南ヨーロッパに入る道筋）に対する脅威は見過ごすわけにはゆかなかった。第27戦闘航空団第Ⅲ飛行隊はウィーンからペロポネソスのアルゴスにあわてて戻り、さらに南のクレタ島と東のロードス島にすぐに分遣隊を派遣した。同様にエーゲ海南部に散らばった第Ⅳ飛行隊とともに、以後数週間の同飛行隊の主な活動は、イギリス軍占領下のドデカネーゼの島々を奪還しようとするドイツ軍の支援に集中した。

　第27戦闘航空団第Ⅳ飛行隊は第Ⅲ飛行隊が到着する前の9月18日と19日にコス沖で最初のスピットファイア5機の戦果をあげた。しかしパイロット2名の行方不明が報じられた。第27戦闘航空団第Ⅲ飛行隊は戦闘に復帰した最初の2日間にスピットファイア7機を破壊した。味方に損害はなかった。そして地中海戦域で戦ったこの最後の時期に連合軍機に絶え間なく損害を与え、最終的にそれは100機を超えた。

　同飛行隊が最も成功したのは10月8日で、その日はギリシャ南部できわめて疑わしいが1機の「マンチェスター」――B-25の可能性が高い――を含む、さまざまな機種の敵機を8機撃墜した。そして11月前半にエーゲ海東部への個別の7回の出撃で、同飛行隊のパイロットたちは15機以上のボーファイターをたて続けに撃墜した。コスからスピットファイアを強制的に撤退させた

後は、キプロス、あるいはエジプトの英空軍基地からドデカネーゼまで到達するに十分な航続性能を備えた英軍「戦闘機」は双発のボーファイターだけだった。しかしいったん到着した後、大きな「ボー」が不運にも第27戦闘航空団第Ⅲ飛行隊の「グスタフ」の迎撃に遭った場合は、明らかに不利だった。

ドデカネーゼを再占領した12月中の、同飛行隊の主要な対戦相手はギリシャに飛来する米軍「重爆」だった。12月6日の（第9中隊が展開していた）カラマキ襲撃の際に4機を撃墜し、2週間後にエロイスを攻撃された際はさらに5機を撃墜した。どちらの時も、第7中隊のパイロット1名が戦死した。

航空団本部がギリシャに到着して以来、レーデル少佐もまたボーファイター1機と「重爆」2機を撃墜した。これらと他の2機の戦果を加えて、航空団司令の撃墜数は83機に達した。他に地中海東部で1機を撃墜した航空団本部のパイロットはレーデルの副官ヨスト・シュランク中尉だけで、10月10日にコリントの西でB-17を1機撃墜した。

しかし、第27戦闘航空団の地中海との長期間続いた関係がゆっくりと、だが着実に終わりに向かう時に、最も劇的な成功を得ると同時に、最も重い損害を被ったのは第Ⅳ飛行隊だった。そうした終盤にあげた戦果の多くは、実際は半分近くに達するが、わずか2人のパイロットの働きによるもので、どちらも新参者だった。

飛行隊長代理のディートリヒ・ベスラー中尉が10月10日にコリント近くでB-17相手の戦闘で戦死してから9日後、正式の後任に任じられたのが175機を撃墜し、柏葉騎士十字章を佩用したヨアヒム・キルシュナー大尉であり、それまでは東部戦線で第3戦闘航空団第5中隊長を務めていた。

やはりロシアから到着したばかりで、第11中隊に配属されたのがハインリヒ・バルテルス曹長である。その時点におけるバルテルスの戦果49機の大部分は遥か北で第5戦闘航空団第8中隊に属していた当時に記録したもので、そこで騎士十字章を受章していた。北極から亜熱帯気候の突然の変化は彼の射撃能力にほとんど影響を及ぼすことはなく、彼は10月1日にコス沖でボストン2機をすぐに撃墜して見せた。

第27戦闘航空団第Ⅳ飛行隊の急速に長くなる撃墜リストで大きな戦果を分け合ったのはこの2人のエクスペルテンだった。彼らが複数の戦果を得ずに帰還することはまれだった。10月8日にハインリヒ・バルテルスは3機のP-38、10月23日にヨアヒム・キルシュナーは2機のスピットファイアと1機のP-38、その2日後にはバルテルスが3機のP-38と1機のホイットレー（！）をそれぞれ撃墜した。

しかし、相変わらず戦況の行方を左右するのは地上軍の動きであり、空中での個人の成功ではない。そして1943年10月下旬までに連合軍

11月15日に第Ⅳ飛行隊が撃墜したP-38 14機（あるアメリカの資料によると、その日はわずか2機のライトニングしか喪失していないという！）のうち、4機を撃墜したバルテルスは総撃墜数が70機に達した。愛機の全体が白く塗られた方向舵には、第5戦闘航空団当時に受勲した騎士十字章の下に、1段が10機分で7段からなる彼の最新の戦果がきっちりと記入されている。パイロット仲間と談笑しているバルテルス（左）の襟元にその勲章が見える。

はイタリアに確固たる地歩を得て、戦闘は次第に北方に向かって行った。これはバルカン諸国にまったく新たな脅威を与えた。それらは今やイタリアの連合軍基地からわずか幅190kmのアドリア海で隔てられているだけだった。

背後で敵の活動が活発になった結果、第27戦闘航空団の地中海戦域内でたびたび行われた大規模再配置の、最後となるものが実施された。第Ⅲ飛行隊をギリシャとクレタ島の防衛に残し、第27戦闘航空団第Ⅳ飛行隊は10月28日に北方のユーゴスラヴィアのポドゴリアに向かうように命じられた。

3日後、アルバニア国境のすぐ南のアドリア海沿岸で交戦が行われ、第27戦闘航空団第11中隊はP-38を3機撃墜した（3機ともバルテルスの戦果）が、同中隊長アルフレート・ブルク中尉を喪失した。第11中隊はとりわけ不運で、その年が暮れるまでにさらに2名の隊長を喪失する。しかし、ハインリヒ・バルテルスをさえぎるものはない。第27戦闘航空団第Ⅳ飛行隊の2年間の戦歴で最も成功した日となった、11月15日の作戦にハインリヒ・バルテルスとヨアヒム・キルシュナー飛行隊長がどちらも大きく関わっていたことも、驚くほどのことではなかった。

その日、同飛行隊は損害なしで15機を撃墜した。1機以外はすべてP-38で、4機を撃墜したバルテルスの撃墜数は70機に達した。その日の3機のP-38と1機のB-25の戦果で、キルシュナーのスコアは今や185機に達した。2日以内に2人ともさらに3機ずつの戦果を追加したが、それらは主に11月17日のB-25編隊と護衛に随伴したP-38との交戦による。

バルカンにおける増え続ける連合軍の航空作戦は、アドリア海沿岸の艦船攻撃、ユーゴスラヴィアの共産パルチザン部隊支援、イタリア駐留の「重爆」が頭上高く越えた先の目標を爆撃、などであった。そしてこれは、第27戦闘航空団第Ⅳ飛行隊がすぐに作戦的にも、地理的にも戦力を限界まで引き伸ばされることを意味した。12月上旬にスコピエに移動した同飛行隊は、北はユーゴスラヴィアのモスターから南はアルバニア南部のデヴォリまでのおよそ6カ所の飛行場にもいくつかの中隊、あるいは4機編隊を派遣した。

連合軍の物量のもつ重みはまた、必然的に損害リストの増加も意味した。12月16日にはP-40 2機とスピットファイア1機を撃墜したが、第Ⅳ飛行隊のパイロット3名は帰還できなかった。翌日は最悪となった。スピットファイアとの2回の交戦で、1機の戦果もあげられずにパイロット5名を喪失したのだ。

3名はアルバニア沿岸の上空で捕捉されたが、2名はモスターの南で太陽を背にした敵に襲われた飛行隊長とその僚機だった。僚機とは異なり、ヨアヒム・キルシュナー大尉は損傷を被った乗機から落下傘降下を余儀なくされた。ほぼその直後に空中から捜索が行われたが、キルシュナーの痕跡は何も発見できなかった。ドイツ空軍第20位の多数機撃墜パイロットは第29旅団のパルチザンに捕らえられ処刑された、と後に報告された。

ヨアヒム・キルシュナーの後任は、経験はあるが比較的撃墜数は少ないオットー・マイアー大尉で、過去5カ月間は第27戦闘航空団第4中隊長を務めていた。しかしマイアーが引き継いだ飛行隊は惨めな状態にあった。その年の大晦日、出撃可能な「グスタフ」はちょうど1ダースだけがかき集められた。

この数は1944年最初の数週間のうちに2倍以上に増えるが、第27戦闘航空団第Ⅳ飛行隊のバルカンへの関与は終わりに近づきつつあった。1月24日、同飛行隊の最終出撃は、自分たちのスコピエ基地の防衛任務だった。それはP-38の厳重な護衛を随伴したB-24部隊の攻撃目標となっていた。同

飛行隊長ヨアヒム・キルシュナー大尉は東部戦線でバルテルスよりさらに多くの戦果をあげ、第27戦闘航空団第Ⅳ飛行隊に着任した。この写真はロシアで撮られたものだが、キルシュナーは1943年12月17日にユーゴスラヴィア上空で撃墜されるまでの第Ⅳ飛行隊を率いた間に13機の戦果を重ね、総撃墜数は188機に達した。

エルンスト・ディルベルク少佐は大尉当時の1942年10月に第27戦闘航空団第Ⅲ飛行隊長に任じられた（これは大尉当時の写真）。そして彼の率いる第Ⅲ飛行隊が第27戦闘航空団の中で最後に地中海戦域を離れた。ディルベルクはJG76航空団司令として大戦終結を迎えたが、総撃墜数50機のうち約37機が第27戦闘航空団在籍中の戦果である。

飛行隊は戦闘機2機と爆撃機3機を撃墜した。B-24の1機はオットー・マイアー飛行隊長の大戦12機目の戦果にあたった。

2月初めに第27戦闘航空団第Ⅳ飛行隊は東方のユーゴスラヴィアとブルガリアの国境に近いニッシュに移動した。そこで、オーストリアのグラーツに引き揚げるよう命じられるまでの6週間の大半は、比較的不活発なままだった。

その結果、エルンスト・ディルベルク少佐の第Ⅲ飛行隊だけがギリシャ南部とエーゲ海の哨戒と防衛に当たることになった。しかし他の戦域における戦況の推移により、地中海南部でもやはり滞在の期間が制限された。2月9日、サモス周辺で同飛行隊のパイロットたちが損害無しでボーファイター7機を撃墜した。この最後の目覚ましい成功の後で、翌月に第27戦闘航空団第Ⅲ飛行隊もまたオーストリアへの撤退命令を受け取った。

しかしこの命令も、ディルベルクが残留を命じた第7中隊にとっては本当の最後とはならなかった。ハンス・グナール・クーレマン少尉に率いられ、公式定数の2倍以上も戦力を抱えたその「中隊」は、さらに2カ月間ギリシャとクレタ島に止まった。その「中隊」だけで第27戦闘航空団の地中海における最後の戦果、25機以上の撃墜をあげた。たとえば3月6日には、同中隊隊員はクレタ島の北西で6機のB-26を撃墜した。

しかしきわめて皮肉なことに、最終戦果はかつての同盟相手の軍用機だった。1944年5月14日午後、オトラント海峡上空で第27戦闘航空団第7中隊が捕捉した三発輸送機編隊は連合国側についたイタリア共同交戦軍のSM.84だった。わずか10分の間に編隊の6機が撃墜され、ブリンデジ北東の海に墜落した。

それらの元同盟相手からの尻尾のトゲに刺されるが如き防御銃火にやられた結果、ゲーアハルト・ジーグリンク軍曹を喪失した。彼は3年余り前に第Ⅰ飛行隊がアイン・エル・ガザラに到着して以来、地中海戦域で第27戦闘航空団が戦死、あるいは行方不明を報した150名以上のパイロットの最後のひとりとなった。

chapter 6
最後の戦い
the final battles

　第27戦闘航空団最後の数カ月間の物語は、おそらく少しは不公平かもしれないが、簡潔に述べることにする。何ゆえ簡潔にかといえば、同航空団が地中海からドイツ帝国にいったん引き揚げた後は、敵の集団に対してくり返される消耗戦へと巻き込まれてゆくだけだったからである。不公平ということに関しては、米軍昼間爆撃機隊の大勢力に対するそうした戦闘は空戦の中でも最も激しい部類に属し、その結果、部隊の歴史を通じどの時期よりも遙かに甚大な損失を被ることになった。

　しかし米第8航空軍、第15航空軍の連合した、常に増大する一方の圧力に対する大規模航空戦を顧みる前に、ひとつ振り返ってみたい。1942年11月にリビアのアルコ－フィラエノルムから撤退し、航空団の他の部隊とは異なりその時地中海戦域から完全に離れた、第27戦闘航空団第I飛行隊はその後どうなったか？

　第I飛行隊は移動の時から、第77戦闘航空団から着任した時点で、すでに撃墜数は135機に達し柏葉騎士十字章を受勲していたハインリヒ・ゼッツ大尉に率いられて、イタリアとドイツでしばし休養しつつ、フランス北部のエヴルーに向かった。そこでG-4を再装備し、訓練学校を卒業したばかりの若いパイロットを多数受け入れて戦力回復に努めた。このように新しい飛行機と新人パイロットが占める割合の高さ、それに新任の飛行隊長から、同飛行隊に砂漠戦絶頂期の第27戦闘航空団第I飛行隊と結びつくものはほとんどなくなった。そして海峡方面は3年前の英国本土航空戦当時とはまったく様相が異なっていた。もはやだれも部隊の名声に敬意を払わなかった。

　最も早い時期の出撃のひとつは1943年3月13日のことで、スピットファイア

第I飛行隊長ハインリヒ・ゼッツ大尉は1943年3月13日にフランスの海峡沿岸部上空でカナダ空軍のスピットファイア3機を撃墜した後、戦死を遂げた。これは中尉当時の写真で、ロシア戦線の第77戦闘航空団第4中隊長を務めていた1942年6月に受勲した柏葉騎士十字章を佩用している。

1943年春から初夏にかけて、第27戦闘航空団第I飛行隊の大半がフランスのベルネーとポワに駐留していた一方で、ヨーゼフ・ヤンゼン中尉率いる第2中隊のG-4「カノーネンボート」は、オランダのレーワールデンに派遣されていた。第I飛行隊の有名な「アフリカ」のマークをつけていることに注目。

の大規模編隊による北フランスに対する「ラムロッド」[目標破壊を唯一の目的とする、大戦力の戦闘爆撃機による攻撃]を迎撃するため、第Ⅰ飛行隊はバーネイから緊急発進した。続いてアミアン付近での交戦で、ハインリヒ・ゼッツは侵入機3機を何とか撃墜した直後に行方不明となった。後に飛行隊長の遺体はル・トレポーから数km東で、彼の「グスタフ」の残骸から発見された。敵の1機との空中衝突で犠牲になったと信じられている。

同飛行隊が1939年に編成されて以来ゼッツ大尉はわずかに4人目の飛行隊長であることが、第27戦闘航空団第Ⅰ飛行隊の命運の転換をはっきりと示している。これ以降大戦終結までの残り2年間で第Ⅰ飛行隊長は17人以上も生まれることになる。

実際、第27戦闘航空団第Ⅰ飛行隊が北西ヨーロッパの防衛任務に就いていた4カ月間に被った損害で、ゼッツは戦死者14名の中のひとりであり、他にそれとほぼ同数の負傷者がいた。この時期を通じて、同飛行隊は主に第2戦闘航空団の指揮下に入っていたが、状況によっては短期間だけ第26戦闘航空団の指揮下に入ることもあった。さらに付け加えると、第2中隊はオランダのレーワールデンに派遣され、第1戦闘航空団第Ⅱ飛行隊のそばで数週間を過ごした。

あらゆる困難にもかかわらず、第27戦闘航空団第Ⅰ飛行隊は低空のヴェンチュラから高空を飛行するB-17までに及ぶ、40機以上の撃墜戦果をあげた。最も成功を収めた空戦は5月18日のことで、同飛行隊はケウーに対する「ラムロッド」のタイフーン7機を撃墜した(英空軍第3飛行隊は対空砲火による1機を含み、5機の喪失を認めた)。そして3日後、オランダに駐留している第2中隊はエムデン攻撃に参加のB-17 5機の撃墜を報じた。

それから6月に飛行隊本隊は南フランスのマリニャンへ突如移動させられ

戦死したハインリヒ・ゼッツの後任として第2戦闘航空団から異動してきた騎士十字章佩用者エーリヒ・ホハーゲン大尉は、第Ⅰ飛行隊長として6月1日に負傷するまでに海峡上空で2機(ヴェンチュラとミッチェルが1機ずつ)を撃墜しただけだった。傷が癒えた後、ホハーゲン(写真左、右はフリッツ・デットマン中尉)は前線勤務に復帰してすぐ、1944年秋に西部戦線でさらに重傷を負った。大戦終結まで彼はアードルフ・ガランドの率いる第44戦闘団(JV44)でMe262を飛ばしていた。

この新品のG-6「カノーネンボート」2機は第27戦闘航空団第Ⅰ飛行隊の所属だが、同飛行隊が1943年8月にオーストリアのフェルス・アム・ヴァグラムに移動し、それから本土防衛組織に編入された後で撮影された。今や胴体後部に第27戦闘航空団の緑帯に記入している……

たが、1943年7月末に祖国に呼び戻されるまで、そこで平穏な数週間を過ごした。

ミュンスターに短期間滞在し、その間の8月12日にはボン地区でB-17 7機を撃墜したが、8月下旬に第27戦闘航空団第I飛行隊はオーストリアのフェルス・アム・ヴァグラムに展開した。このウィーンの西にあるかつての訓練飛行場は以後10カ月にわたって同部隊の主要な基地となる。今やその役割は、地中海とイタリアからアルプスを越えて来襲する、あるいはドナウ平野を飛来する、じきに第15航空軍として編成される米軍重爆撃機隊から南東ヨーロッパを防衛することだった。

第27戦闘航空団第I飛行隊の若いパイロットたちが挑戦に立ち上がった。約20回の主要な交戦で、彼らは190機近い米軍機を撃墜した。彼らの犠牲

……この写真ではフェルスの滑走路で整備中の第1中隊の「白の4」がもっとはっきりと見える。

短期間ではあったがフェルスで、第27戦闘航空団第3中隊は同中隊の最も輝かしい中隊長、故ハンス-ヨアヒム・マルセイユに敬意を払い過去をしのんだ。この写真ではフリッツ・デットマン中尉が、太い縁どりに「マルセイユ中隊」(STAFFEL MARSEILLE)と記入された彼らの特別版飛行隊章を指差している。

この2葉の写真は1944年3月に映画館で公開された「ドイツ週間ニュース」のフィルムから複写したもの。映像は1943年から44年にかけての冬に雪に覆われたフェルスから緊急発進する情景を捉えている。

者の大部分が重爆撃機で、100機を超えるB-24と60機以上のB-17を含んでいた。

　第15航空軍がオーストリアの飛行場を爆撃した1943年11月2日と、ヴィーナー・ノイシュタットの軍用機工場とシュタイアーの軍用車両工場を爆撃した1944年2月23日の二度の機会に、彼らは1回の出撃で16機以上を撃墜した（シュタイアー攻撃の際はわずか20分間で撃墜した！）。そして彼らが第15航空軍のB-17を一番多く撃墜したのは1944年2月25日で、この日はクラーゲンフルト北のアルプス上空でフォートレス13機を落とした。

　しかし、こうした勝利のために代償も支払った。戦闘で同飛行隊のパイロット約20名が戦死、または行方不明となり、さらに多くの者が負傷した。この数字は飛行隊長4名を含み、2名が負傷、2名が戦死した。戦死した2人とも、

右頁上●フランツィスケットが落下傘降下してからちょうど1週間後、彼の後任のエルンスト・ベルンゲン大尉はヘルムシュテット近くでB-24に体当たりした後、やはり落下傘降下を余儀なくされ重傷を負った。ベルンゲンは(1940年8月18日にスピットファイア2機撃墜で始まった)戦歴に終止符を打つことになるこの時の空戦で、リベレーター2機を撃墜したが、医師は彼の右腕を救うことができなかった。彼は8月3日に騎士十字章を授与される。

左●第27戦闘航空団第1中隊長ハンス・レマー大尉は、1944年4月2日に米第15航空軍のB-24がオーストリアのシュタイアー工場を爆撃した際に戦死した。この時彼は第Ⅰ飛行隊長代理を務めていた。戦死後、6月30日付で騎士十字章受勲の栄誉を受けることになる……

……その時までに第27戦闘航空団第Ⅰ飛行隊はさらに3名の飛行隊長を、2名は負傷で、1名は戦死で失うことになる。先に負傷したのは砂漠の古株ルートヴィヒ・「ツィスクス」・フランツィスケット少佐で、1944年5月12日にフランクフルト近くで「黒の二重シェヴロン」——この緑帯と白い方向舵の「グスタフ」は、おそらく彼が操縦している時に撮られたと思われる——から落下傘降下した。同年末にフランツィスケットは航空団司令として第27戦闘航空団に復帰し、大戦最後の数カ月間、部隊を率いることになる。

アフリカ戦の古株だった。ハンス・レマー大尉は27機目で最後の戦果をあげた後に、低すぎる高度で落下傘降下を試みて死んだ。戦死後2カ月経って、彼には騎士十字章が授与された。

エルンスト・ベルンゲン大尉が負傷した後、幕僚職から同飛行隊の指揮をとるため5月19日に呼び戻されたカール-ヴォルフガング・レートリヒ少佐が佩用していた騎士十字章は、アフリカで第27戦闘航空団第1中隊長を務めていた時に受勲したものだった。「パパ」・レートリヒは10日しかもたなかった。彼は5月29日にザンクト・ペルテン近くでB-24を撃墜した後にやはり戦死したが、総撃墜数43機に達した彼の戦果の中でそれは唯一の重爆撃機だった。ヒットラーの称した「ヨーロッパ要塞」の南東隅で、第27戦闘航空団第Ⅰ飛行隊と第15航空軍との最後の対戦では、レートリヒ少佐が最後の戦死者となる。8日後、連合軍がノルマンディの浜辺に殺到した。総統の「要塞」の北西城壁が突然より大きな危険に直面したのだ。

1943年8月に第27戦闘航空団第Ⅰ飛行隊がフェルス・アム・ヴァグラムに展開したのは、ヴェルナー・シュロアー大尉率いる第Ⅱ飛行隊のイタリアからの帰還と同時だった。第Ⅱ飛行隊もドイツ本土防空組織に加わったが、オーストリアには駐留せず、ラインラント地方の主としてヴィースバーデン-エルベンハイムに駐留した。しかしドイツ北部、南部の他の飛行場だけでなく、遠くオランダのエールデとトゥウェンテ、あるいはフランスのサン・ディジエまで一時的に移動した。来たる数カ月間の第27戦闘航空団第Ⅱ飛行隊の主な対戦相手は「強力な第8航空軍」になる。

1943年7月16日にイタリアのバリでやはりB-24を2機撃墜し、第27戦闘航空団第Ⅱ飛行隊長ヴェルナー・シュロアー大尉は柏葉騎士十字章を受勲した。その勲章は、本土防衛任務のためヴィースバーデン-エルベンハイムに第Ⅱ飛行隊が到着してから追加した第8航空軍のB-17 3機の戦果と一緒に、愛機「グスタフ」の白い方向舵に記された。

オーストリアの第27戦闘航空団第Ⅰ飛行隊と同じく、第Ⅱ飛行隊の撃墜した相手もほぼ米軍機だけで、それも大半が重爆撃機だった。しかし第8航空軍の機種構成を反映して、同飛行隊が撃墜した「重爆」はB-17が機数に勝り、総計90機近い。第Ⅰ、第Ⅱ飛行隊間の他の相違点は、後者がもっと頻繁に北からの侵入機と対戦したが、1回の交戦が大規模でそれが連続していたのではなく、絶え間ない消耗戦を繰り返して120機を超える撃墜戦果をあげたことだ。この時期に第27戦闘航空団第Ⅰ飛行隊が一日で得た最大の撃墜戦果は、1944年1月11日にオランダ上空での「重爆」9機とP-47 1機だった。

この時期に2人のパイロットが、すでに相当数に達していた撃墜戦果に二桁の機数を追加した。84機撃墜の功で柏葉騎士十字章を最近受勲して少佐に進級した飛行隊長自身は、総撃墜数が100機にあと1機というところまで上積みした。99機目は1944年3月3日にマクデブルク上空で撃墜したP-38だった。10日後、彼は第54戦闘航空団第Ⅲ飛行隊長

通算撃墜数が99機に達し、今や少佐となったヴェルナー・シュロアーは、1944年3月13日、第54戦闘航空団第Ⅲ飛行隊長に任命され、部隊を離れた。

に任命された。ヴェルナー・シュロアー少佐は大戦終結時に第3戦闘航空団「ウーデット」の航空団司令を務め、剣付柏葉騎士十字章を佩用し、最終撃墜数は114機に達することになる。

シュロアーの中隊長のひとり、第27戦闘航空団第6中隊長ヴィリィ・キーンチ中尉はちょうど1ダースの戦果を追加した。11月22日に彼は43機撃墜の功で騎士十字章を受勲した。それは航空団にとってここ1年ほどの間で久々に得た騎士十字章だった。それ以前の叙勲は、第27戦闘航空団第Ⅱ飛行隊が北アフリカから引き揚げてドイツで「休養している」時の1942年12月30日に、42機撃墜の功で第5中隊のカール-ハインツ・ベンデルト少尉に授与されたものだった。

しかし、第Ⅱ飛行隊の成功は高くついた。1944年5月末までにパイロット50名以上が戦死、または行方不明となり、別に負傷者も30名に上った。これは飛行隊の公式定数の2倍にあたる！　そして戦死者には中隊長が4名含まれていた。そのうちのひとり、第27戦闘航空団第5中隊長ヘルベルト・シュラム中尉は第53戦闘航空団から着任した騎士十字章佩用者だった。1943年12月1日にベルギー上空でP-47に撃墜されたシュラムの最終撃墜数は42機に達し、それには第27戦闘航空団に属していた間の戦果、B-17 3機が含まれていた。戦死後にその功績が認められ、1945年初めに柏葉騎士十字章を授与された。

第27戦闘航空団第6中隊長のヴィリィ・キーンチ中尉にも同じ栄誉が授けられた。彼は騎士十字章を受勲して間もなく、1944年1月29日にコブレンツ南の丘陵地において低高度の格闘戦で戦死した。彼の最終撃墜数は重爆撃機20機を含む53機、死後にその功績が認められ7月20日付で柏葉騎士十字章が授与された。

大幅に戦力を損耗したため、第27戦闘航空団第Ⅱ飛行隊は1944年6月第1週にドイツ中部から撤退した。休養と新しい機体の配備を受けるため、同飛行隊はほんの数時間前に第Ⅰ飛行隊が明け渡した、フェルス・アム・ヴァグラムへ移動するよう命じられた。

南東での第15航空軍が相手の数週間に及ぶ戦いの最中に、第27戦闘航空団第Ⅰ飛行隊にはバルカン方面からきた航空団本部と第Ⅳ飛行隊、それとギリシャ南部とエーゲ海から戻ってきた第Ⅲ飛行隊が加わった。

グスタフ・レーデル中佐の航空団本部は1944年2月末にフェルス・アム・ヴァグラムに飛来した。ウィーン地区（5月13日にフェルスからオーストリアの首都に近いウィーン-ザイリングに移る）に展開していた間に航空団本部があげた戦果25機のうち11機は、相変わらず「率先指揮」を旨とする航空団司令の戦果だった。

エルンスト・ディルベルク少佐の第27戦闘航空団第Ⅲ飛行隊は3月初めにウィーン-ザイリングに到着した。しかし予定されていた休養と戦力回復の期間は短縮されることになる。3月19日にオーストリアの多くの飛行場が爆撃に遭い、同飛行隊は激しい戦闘に復帰することになった。パイロットたちはグラーツを爆撃したB-24部隊のうち13機を撃墜したが、2名を喪失した。4月2日にはシュティリア南部で1名の喪失と引き換えにB-24 9機を撃墜した。

そして、このようにして日々が過ぎていった。4月中旬に短期間だけハンガリーとユーゴスラヴィアの基地に派遣された後、第Ⅲ飛行隊は5月初めにウィーン-ゲッツェンドルフに戻ってきた。同飛行隊はウィーンの南東にあるそ

飛行場から出撃し、第15航空軍だけでなく、北方から飛来する第8航空軍とも戦った。その結果、航空団が米軍「重爆」に対し収めたその後の3つの大きな成功で主要な役割を果たすことになった。

1944年5月12日に第8航空軍は初めてドイツ本土の石油工業を爆撃した。第27戦闘航空団第Ⅲ飛行隊は爆撃機の帯状の大編隊のひとつをフランクフルト近くで迎撃し、パイロット3名の喪失と引き換えにB-17 13機を撃墜した。同じ日、航空団本部は6機のB-17、第Ⅰ飛行隊は7機（これにP-51が2機追加される）、第Ⅱ飛行隊は5機を撃墜し、合計31機もの重爆撃機を撃墜した！

12日後、今度は第15航空軍が第27戦闘航空団第Ⅲ飛行隊にやられる番となり、オーストリア爆撃で16機のB-24を失った。これに加えて航空団本部は3機、第Ⅰ飛行隊は12機、そして第Ⅳ飛行隊は3機のB-24と2機のB-17を撃墜し、合計36機もの重爆撃機を撃墜した。

さらに5月28日に第8航空軍が再度ドイツ石油工業に対する大規模な爆撃を敢行した時、B-17 16機が第27戦闘航空団により撃墜された（13機は第Ⅲ飛行隊の戦果）が、それまでの二度の成功に比べると、ほとんどしりすぼまりにすら見える。

上に述べた勝利のいくつかは公式には「ヘアアウスシュッス」（直訳は「射撃による撃退」だが、爆撃機に損傷を与え戦闘梯団編隊から脱落させることで、そうすれば「最終的に破壊」に至る主要な目標にできる）と記録されたが、航空団は二度とこうした成功を享受できなかった。実際、大戦最後の11カ月間は一日の撃墜総数が二桁に届くことはめったになかった。

エルンスト-ヴィルヘルム・ラインエルト少尉（左）は1944年5月13日に第27戦闘航空団第12中隊長に任じられた。彼はその後、第Ⅳ飛行隊長ハンス-ハインツ・ドゥデックが「ボーデンプラッテ」作戦で未帰還となった翌日、1945年1月2日に後任に任命される。写真はチュニジアで第77戦闘航空団に属していた時に撮られたもので、ラインエルトがもたれているキューベルワーゲン（ジープのドイツ版）が興味深い。第27戦闘航空団第Ⅰ飛行隊がアフリカを離れる時、第77戦闘航空団に残していった物は、戦闘機だけではなかったようだ。第Ⅰ飛行隊は車両もまた手渡したに違いない。それというのも、この地方土着のさまざまな動物で飾られた「オットー」（OTTO）はハンス-ヨアヒム・マルセイユがお気に入りの砂漠用小型車のひとつだったからだ。

本土防衛任務に就いた第27戦闘航空団第Ⅲ飛行隊は、5月末までにちょうど90機の重爆撃機（それに戦闘機3機）を飛行隊の通算戦果表に加えた。エルンスト・ディルベルク飛行隊長はそのうち4機を撃墜した。この時期に最も成功したパイロットは年齢がいった博士号をもつペーター・ヴェルフト少尉で、今や第9中隊長を務め、負傷する5月19日までに撃墜数は12機から22機に増加した。

　3月にやはりオーストリアに到着したオットー・マイアー大尉の第27戦闘航空団第Ⅳ飛行隊は、ほとんどの時間をハンガリーのシュタイナマンガー（現・ソンボトヘイ）とヴァトに駐留して過ごした。第Ⅰ、第Ⅲ飛行隊とは異なり、51機の勝利のほぼ半分が戦闘機で、4月23日にクロアチア上空で撃墜したスピットファイア3機を含んでいた。この3機の英空軍機と9機の米軍戦闘機の戦果により、ハインリヒ・バルテルス曹長の撃墜数は85機となり、同飛行隊最高の撃墜者の地位を引き続き保持した。オットー・マイアー飛行隊長はこの時期に「重爆」5機を含む6機を撃墜した。また、第12中隊長のエルンスト-ヴィルヘルム・ライネルト少尉が2機のP-51を撃墜したことにも触れる必要がある。第77戦闘航空団から着任して間もない、撃墜166機のライネルトはすでに柏葉騎士十字章を佩用していた。

　かつて剣付柏葉騎士十字章への推挙すら報じられたライネルトだったが、それは却下されただけでなく、以前の部隊から第27戦闘航空団転属に追いやられた。第77戦闘航空団の司令は明らかに、自分自身の高い撃墜数と褒賞を脅かす、あるいは時にそれを凌ぐ成功を収めた部下をもつことが気に食わなかったのだ。ところでこの航空団司令とは、4年前に規律に従わないある若い士官候補生を同じくクビにし、第27戦闘航空団へ飛ばしたのと同じヨハネス・シュタインホフだった！

　パイロットの大半が若く相当に経験不足でも、経験豊富な下士官と士官を中核に補強され、その先頭には多数機を撃墜し高位の勲章を授与された者がひとりか2人いるというのが第Ⅳ飛行隊の構成だった。これは1944年6月6日にノルマンディ侵攻が始まった時、航空団の大半がオーストリアと南東ヨーロッパから北フランスへ大急ぎで移動した際の、第27戦闘航空団全体の状況を反映していた。

　第Ⅰ、第Ⅲ、第Ⅳ飛行隊とともにレーデル中佐の航空団本部が、上陸した地上軍を支援する強力な英米連合軍空軍勢力に直面すると、より若い経験不足のパイロットたち、そして彼らよりさらに訓練不足の補充要員の名前が、長くなる損失リスト上で多数を占めていったのは当然の成り行きだった。

　ノルマンディ防衛戦とその後のベルギーへ至る退却中に、130名を超える多数の戦闘による死傷者（約三分の二は戦死、あるいは行方不明と報じられた）が出たにもかかわらず、第27戦闘航空団の被った損害よりも彼らの撃墜戦果の方がわずかに勝った。だが、そうした数字の比較は両軍の予備戦力が方程式に追加されると、意味するものの多くを見落とすことになる。連合軍は戦闘による損失をすぐに埋め合わせることができた。対するドイツ空軍は、大部分の下士官兵の死傷者はおそらく補充が利いただろうが、経験豊富な戦闘機部隊指揮官の絶え間ない消耗に対してはほとんど余裕がなかった。

　ノルマンディはすぐに危機的な状況となり、ゲーリング国家元帥は部下の戦闘機隊指揮官の出撃を制限するための、随伴する機数を目安とするひとつの尺度を導入せざるを得なかった。それによると、中隊長は少なくとも6

グスタフ・レーデル大佐の98機目で最後となった撃墜戦果は、1944年7月5日にノルマンディ戦線上空で撃墜したP-38である。それは大戦全期間を通じて航空団本部隊員が撃墜した通算82機の最後にもあたり、レーデルひとりでそのうちの28機以上を撃墜した。12月29日にレーデル大佐は第2戦闘師団の幕僚に指名され、その後1945年2月から4月まで同師団の指揮をとった。

機以上の編隊を率いた時に出撃でき、飛行隊長は15機以上、そして航空団司令は何と45機以上で出撃を許された！

　グスタフ・レーデルが100機撃墜に到達できなかったのは、ほぼ間違いなくこの規定のためだろう。航空団司令と彼の航空団本部はDデイ［1944年6月6日。連合軍によるヨーロッパ大陸上陸作戦決行日］当日遅くにパリの東南東約95kmのシャンフルーリに到着した。その後のひと月に12機を撃墜したが、すべて米軍戦闘機だった。レーデル中佐はそのうち4機を撃墜し、最後は7月5日のP-38 1機だった。その日のうちにゲーリングの出撃制限命令が部隊に届き、これがグスタフ・レーデルの98機目で最後の戦果となった。そしてこれ以降は、航空団が一度に45機も戦闘機をなんとか出撃させることなどめったになかった。

　レーデルの三飛行隊はDデイの翌日にフランスで航空団本部と合流した。第27戦闘航空団第Ⅳ飛行隊はシャンフルーリで航空団本部のそばに陣取り、一方第27戦闘航空団第Ⅰ、第Ⅲ飛行隊はそれぞれヴェルテュ、コナントルの近くに展開した。南で数カ月に及んだ米軍「重爆」との戦闘の後、突如として同飛行隊のパイロットたちは主に低高度で、圧倒的な機数の連合軍戦闘機と戦闘爆撃機が相手の、まったく異なった種類の戦いかたをしなければならなかった。

　一部の者にとっては他の者より移行が容易だった。6月12日（Dデイから6日後）、オットー・マイアー大尉の第Ⅳ飛行隊はエヴルーの西でパイロットの戦死1名、負傷者5名と引き換えに、P-47 9機を撃墜し、飛行隊長自身も3機撃墜した。その2日後、今度は損失なしでP47 8機とB-17 2機を撃墜した。この戦果には、止まることを知らないハインリヒ・バルテルスのノルマンディ戦

第Ⅱ飛行隊の高高度用G-6/ASへの転換は、この写真がすべてを雄弁に物語っているように、事故なしで達成できたわけではなかった。フェルス・アム・ヴァグラムで訓練中の1944年6月に、第27戦闘航空団第4中隊のアルフレート・ミュラー上級曹長は、自分の「グスタフ」の凄まじい残骸の横でいくらか恥ずかしそうにポーズをとっている。ミュラーはすでに8機を撃墜していたが、8月16日に戦死するまでに撃墜数を倍増することになる。最終撃墜戦果には米軍「重爆」5機を含む。

最初の戦果4機が含まれている。一方、第27戦闘航空団第IV飛行隊は侵攻作戦の橋頭堡上空で飛行隊長を喪失した唯一の飛行隊で、オットー・マイアー大尉は7月12日にカン地区で行方不明を伝えられた。最終撃墜数は21機だった。

マイアーの喪失から2週間以内に、ハンス-ハインツ・ドゥデック大尉が同飛行隊の隊長となったが、出撃可能な「グスタフ」はわずか9機にまで減少した。生き延びた者は戦い続けたが、8月中旬にドイツへ退却するまでにさらに3機しか撃墜できなかった。

エルンスト・ディルベルク少佐の第27戦闘航空団第III飛行隊はノルマンディ上空の連合軍機破壊数で2位につけて1位に肉薄した。第III飛行隊の戦果は第IV飛行隊の合計58機より7機少なかった。しかし、人員だけでないきわめて大きな代償を支払った。6月24日、連合軍の戦闘爆撃機がコナントルを襲い、同飛行隊のG-6 12機を破壊し、他の機体に損傷を与えた。3日後、同飛行隊は6機の米軍戦闘機を、そのさらに2週間後には10機をそれぞれ撃墜することができたが、同じ期間内に20名の死傷者が出た。7月中旬までに生き残ったパイロットたちはドイツに戻るよう命じられた。そこで彼らは、若くて訓練不足の士官候補生と下士官の新たな一団に訓練を試みて、来るべき戦いのための4週間を過ごした。

第27戦闘航空団第III飛行隊は8月15日にフランスへ戻ったが、それは第I飛行隊が敵侵攻作戦の前線から撤退した日でもあった。ファータスに到着以来、第27戦闘航空団第I飛行隊は連合軍橋頭堡の南縁と西縁に沿った多く

フィンスターヴァルデに展開していた3週間足らずの間（8月29日から9月17日まで）に、第27戦闘航空団第II飛行隊はわずか4機の撃墜戦果しかあげられなかった。同じ期間に同飛行隊のパイロット9名が戦死した。だが生き残った者は戦い続けた。この写真はベルリン南方の同飛行隊基地で撮ったものだが、第I戦闘軍団司令官ヨーゼフ・シュミット中将が、残念ながら氏名不詳の若々しく見えるパイロットに、功1級鉄十字章を授与しているところ。

の基地を転々とし、大西洋沿岸のヴァンネでほぼ丸1週間を過ごしたこともあった。三飛行隊の中でノルマンディ戦の戦果より死傷者の方が多かった唯一の飛行隊である。それから休養と再編が緊急に必要とされ、8月中旬にブレーメン南西のホイアに向け出発した。

第Ⅲ飛行隊はフランス、正確にいうとパリ北方の厳重に偽装が施された前線飛行場への帰還を、最初の4日間に連合軍戦闘機17機を撃墜して印した。6機は8月17日に撃墜したタイフーン（第183飛行隊の記録によると、その日ファレーズ地区で4機を喪失している）である。その日のタイフーン1機と翌日のP-51 1機の戦果により、エルンスト・ディルベルク飛行隊長の総撃墜数は37機に達し、騎士十字章を受勲した。

しかし、同飛行隊の新しい経験不足の若い下士官パイロットたちは激しく打ちのめされていた。すでに10名が死傷し、8月28日にベルギーのサン・トロンに撤退するまでに損害はさらに増えた。それから8日後にケルン-ヴァーンへ撤退した。ケルンに駐留していた間に同飛行隊は短期間だけアルンヘム周辺の空挺部隊に対し出撃し、9月19日にニジメゲン上空でP-51 1機を撃墜したが、引き換えに1機を喪失した。

9月最後の日にエルンスト・ディルベルク少佐は、編成されて間もない本土防衛部隊である第76戦闘航空団司令に任命された。第27戦闘航空団第Ⅲ飛行隊は10月前半まで引き続き西部戦線で作戦したが、下士官7名以上を喪失したにもかかわらず、3機しか撃墜できなかった。10月中旬までに同部隊はドレスデン北西のグロッセンハインに後退し、そこで残存のG-6、G-14（G-14はわずか2カ月前に最初の機体を受領したばかりだった）から新型のBf109K-4に換えた。

レーデルの三飛行隊がノルマンディ戦とその後の戦いで損害を被り続ける一方で、フリッツ・ケラー大尉の第27戦闘航空団第Ⅱ飛行隊は帝国南東縁の防衛任務を引き継いだ。6月7日にフェルス・アム・ヴァグラムに到着し、標準型メッサーシュミット戦闘機の特別な高高度型、Bf109G-6/ASが約60機配備され、同飛行隊に課せられた新任務の明確な性質が明らかになった［G-6が搭載したダイムラー・ベンツDB605Aエンジンから、過給機だけ大型化したDB605ASに換装したのがG-6/ASで、G-6よりも高高度性能は向上した。しかし圧縮比引き上げ等の改良を加えたDB605Dを搭載したK-4は、G-6/ASよりさらに高空性能が優れていた］。

それを装備し、第27戦闘航空団第Ⅱ飛行隊は7月2日に出撃を開始した。幸先はよくなかった。ブダペストを爆撃したB-24編隊のうちわずか1機だけを撃墜したが、戦闘機7機を失い、パイロット2名戦死、5名負傷の損失を被ったのだ。

この破滅的な撃墜対損失比は二度と繰り返されなかったが、同飛行隊の以後2カ月間に及ぶ出撃で歓声をあげることはほとんどなかった。8月末までに南西ヨーロッパ上空で、米軍「重爆」15機と護衛に随伴の戦闘機24機を撃墜したが、その過程で同飛行隊のパイロット30名が戦死、または行方不明が報じられ、他に15名が負傷した。

この時までに連合軍はノルマンディの強行突破に成功していた。連合軍部隊はセーヌ河を渡り、橋頭堡を確保し、第8航空軍の重爆撃機隊はふたたび帝国内部にある目標の爆撃に集中した。これは第27戦闘航空団第Ⅱ飛行隊をオーストリアから、ベルリンの南南東約95km離れたフィンスターヴァルデへ

移動させることとなった。同飛行隊は9月17日にフィンスターヴァルデからギューターズローに移動したが、今やドイツ中部、南部の上空は以前より一層危険になっていた。9月中に同飛行隊はハルバーシュタット上空で高高度を飛行するモスキート（ここ1年以上の間で撃墜した最初の英空軍機）と、オランダ国境付近で格闘戦の末に5機のP-47を含む12機を何とか撃墜した。しかし、こうした成功には大きな犠牲がつきものだった。死傷者17名のうち12名は戦死だった。第8航空軍がドイツの合成石油工場と精油施設に対し大規模な爆撃を敢行した9月11日だけで、6名が戦死した［国内から原油がほとんど産出しないドイツでは石炭液化による合成石油工業が発達し、空軍が消費する航空用ガソリンの8割以上は合成石油から精製された］。

　第27戦闘航空団の四飛行隊はすべて移動、休養、あるいは再装備の最中だったが、ドイツ戦闘機隊すべてに適用された新編制、各飛行隊を4個中隊編制に移行する再編が実施されたのはこうした時期だった（公式の日付は8月15日となっている）。新戦力の部隊名変更と吸収のいくらか込み入った過程を最も単純に示したのが次の表である。

第27戦闘航空団第Ⅰ飛行隊
　　　第1中隊－以前と変わらず
　　　第2中隊－以前と変わらず
　　　第3中隊－以前と変わらず
　　　第4中隊－元は第27戦闘航空団第14中隊＊

第27戦闘航空団第Ⅱ飛行隊
　　　第5中隊－以前と変わらず
　　　第6中隊－以前と変わらず
　　　第7中隊－元の第4中隊
　　　第8中隊－新編成

第27戦闘航空団第Ⅲ飛行隊
　　　第9中隊－以前と変わらず
　　　第10中隊－元は第27戦闘航空団第13中隊＊
　　　第11中隊－元の第8中隊
　　　第12中隊－元の第7中隊

第27戦闘航空団第Ⅳ飛行隊
　　　第13中隊－元の第10中隊
　　　第14中隊－元は第27戦闘航空団第12中隊＊
　　　第15中隊－元の第11中隊
　　　第16中隊－元は第27戦闘航空団第15中隊＊

＊印は最初、1944年5月から6月にかけて編成された

　各中隊の正式な定数は16機で、他に予備機を保有したが、これは各飛行隊の保有機数が今や64機以上に達することを意味した。第27戦闘航空団第Ⅲ飛行隊は完全にK-4のみを再装備し、第27戦闘航空団第Ⅱ飛行隊は引き続き高高度用に特殊化した後期型「グスタフ」を運用、そして第27戦闘航空団第Ⅰ、第Ⅳ飛行隊はG-14を使った（しかし後にやはり大半はK-4に替わる）。

　1944年初秋に航空団が保有した最大戦力は約250機で、その歴史を通じて最多となった。しかしこれは第27戦闘航空団が蘇生した証拠というよりは、

むしろドイツ軍用機製造工業の粘り強さと適応性を賞賛すべき数字であった。第8航空軍、第15航空軍が連携した石油工業に対する爆撃作戦のため、ドイツ戦闘機隊の燃料事情はすでに危機的で、破局の様相を見せ始めていた。そして今やパイロットは以前より一層訓練不足の若者か、戦闘機による空戦経験がまったくないか、あってもごくわずかという、活動停止も同然の多発爆撃機部隊、あるいは偵察部隊から移ってきた古参兵が大半を占めた。

第27戦闘航空団の大きく膨らんだが実力の伴わない戦力の内情はすぐに暴かれた。11月2日、第8航空軍はドイツ帝国の合成石油施設に対しさらに大規模な攻撃を敢行した。完全な本土防衛航空団として初めて出撃し、四飛行隊全部がメルセブルク／ロイナを攻撃する600機以上のB-17と交戦した。しかし、護衛戦闘機による防御網をまったく突破できなかった。彼らはP-51を6機撃墜した。しかしB-17を1機も破壊できなかった。

このマスタング半ダースの戦果に対し、50機ものBf109を失い、約27名（第Ⅰ飛行隊は11名、第Ⅳ飛行隊は10名）のパイロットが戦死、その他に12名が負傷したことには唖然とするしかない。第27戦闘航空団第Ⅲ飛行隊の戦死者5名の中には第10中隊長エルンスト-アスカン・ゴベルト大尉がいた。彼は元爆撃機パイロットで第53爆撃航空団に配属当時、騎士十字章を受勲していた。

11月2日の損失は第27戦闘航空団が一日で被ったものとしては最大であり、同航空団にとって終わりの始まりを記すことになった。12月中旬までに、そのほとんどがドイツ北西部の国境地帯上空で、さらにパイロット39名が戦死、14名が負傷した。合計すると6カ月余りの間にほぼ100名のパイロットを失った。この数字には連合軍戦闘機との空戦で24時間以内に相次いで戦死した飛行隊長2名と、中隊長3名が含まれている。

この時期に第27戦闘航空団の撃墜戦果は43機を数えた。それらは各飛行隊に均等に分配されるわけではなく、第27戦闘航空団第Ⅲ飛行隊のP-51 2機から第Ⅳ飛行隊の21機まで幅がある。第Ⅳ飛行隊の戦果で例外的ともいえるのがランカスター8機（「射撃による撃退（ヘアアウスシュッス）」を3機含む）で、これらは12月12日にルール地方を昼間爆撃した際に撃墜したものだった。

4日後、ヒットラーはアルデンヌに奇襲反攻作戦を仕かけた。連合軍のイギリスに在る空軍戦力の大半が地上に釘付けされるのが期待できる、悪天候の予想される時期に合わせたため、この「バルジの戦い」最初の数日間に第27戦闘航空団は、ヨーロッパ大陸内から出撃する英米軍の戦術部隊に属する機体とだけ対戦すればよかった。

そんな時でさえも何とか戦果を確保した。12月17日、第Ⅳ飛行隊は「グスタフ」6機（そしてパイロット1名）の喪失と引き換えに米陸軍空軍の戦闘機7機を撃墜した。第Ⅱ飛行隊はもっと不運だった。同部隊はサンダーボルト撃墜4機の代償として約8機の所属機を喪失し、パイロット3名戦死、4名負傷の損害を出した。

12月23日に天候の回復が感じられるとただちに、戦闘隊形をとった米地上軍に対し空からの全面的な支援が実施された。1944年最後の週に航空団はさらに50名のパイロットを戦死、行方不明、あるいは負傷で喪失した。第7中隊のヘルマン・ケッシンガー軍曹が初撃墜を達成したのは12月23日のことで、それはトゥリール南で「ヘアアウスシュッス」したB-17だった。その第94爆撃航空群の「ダーリング・ドット」（別名ビッグ・ガス・バード）は、第27戦闘

航空団が大戦中に撃墜した550機近い「重爆」の最後に当たる。

同じ12月23日に第Ⅳ飛行隊は最も成功したパイロットを喪失した。99機目の戦果（ボンのすぐ南で撃墜したP-47）をあげた直後にハインリヒ・バルテルス上級曹長は撃墜された。戦死した時点ですでに柏葉騎士十字章に推薦されていたバルテルスの、その遺体はほぼ四半世紀後に発見されるまで、愛機「黄色の13」の残骸の中に封じ込められたままとなった。

バルテルスの技量は第15中隊のパイロット仲間に大いに敬服されていた。あるパイロットは、「バルテルスの編隊で飛行するのは生命が保証されたも同然だった！」と述べている。そして、もし彼のように経験を積んだ者が撃墜されるならば、第27戦闘航空団で今やかつてないほど大きな部分を占める数多き十代の補充要員には、生き延びるためのどんな機会が与えられるというのか？ 暗号通信を傍受、解読した「ウルトラ」文書で明かされた、12月23日のグスタフ・レーデル大佐による彼の航空団員の振る舞いに関する報告では、そうした新米パイロットの一部はすでに懸念の対象となっていた。暗号が解読された時、レーデルは部下のパイロットの約2割が然るべき理由なしに（B-17編隊に対する）攻撃から離脱し、落下燃料タンクを投棄し、基地に早まった帰還をする、と疑っていることが明かされた。今後そうした行為に及んだ者は誰であろうと軍法会議にかける！ と彼は脅し、結んでいた。

レーデル大佐がその脅しを実行に移す機会は、たとえそれが必要だとしてもほとんどなかった。12月29日、彼は第2戦闘師団の幕僚に任命された。こうしてルートヴィヒ・フランツィスケット少佐が最後の数週間、第27戦闘航空団を監督することになった。彼は第1戦闘航空団第Ⅰ飛行隊に属する少尉として開戦を迎えた時にまで遡り、長期間この航空団に在籍したあの「ツィスクス」そのひとである。

元旦のドイツ空軍によるベルギー、オランダ、そしてフランスに在る連合軍飛行場への攻撃「ボーデンプラッテ」作戦には、四飛行隊すべてが参加した。作戦に参加した他の部隊と比較すると、航空団に割り当てられた目標、ブリュッセル−メルズブルークに対する攻撃は疑いようもない成功で、損失は平均より低かった。

1945年1月1日、日の出時刻にオスナブリュックの北と西にある複数の基

航空団の大半が訓練不足の若年パイロットで占められて久しかったが、彼らとともに中核を成す従軍期間の長い経験豊富な下士官もまたいた。その多くはフリッツ・グロモトカのように大戦後半には士官に昇進した。彼の経歴はフランスでの電撃戦の時期（27頁上の写真を参照）、第Ⅱ飛行隊に在籍していたころにまで遡る。少尉に昇進したばかりのグロモトカは、1945年2月1日に第27戦闘航空団第9中隊長に任じられた。彼の左袖に何とか見えるのは従軍戦域を表す袖帯で、両側に椰子の木で縁どられたAFRIKAの文字が縫い付けてある。受勲者でなくとも北アフリカに6ヵ月以上従軍した者は、誰でもこの袖文字をつけることが許された。

第27戦闘航空団は、1945年3月中にパイロットを戦死、または行方不明で合計47名喪失したと報じた。3月17日に失われたのは第1中隊のヘルマン・ライン軍曹ひとりだけだった。彼が何の痕跡も残さずにただ消えていったのは、大戦終結直前の数週間は混乱した状況だったためである。彼の名前を刻んだ十字架が写っているこの写真が戦後公表されるまで、彼の喪失状況は明かされなかった。彼のK-4——部品の一部は埋葬場所を飾るために使われた——は、ヴェーゼル近くでライン河を渡河準備中の英軍を低空攻撃中に対空砲火により撃墜されたのだった。

地から離陸した第27戦闘航空団の70機を超えるBf109は、第54戦闘航空団第IV飛行隊の15機のFw190を伴い低空飛行しながら、オランダのユトレヒト上空で針路を急角度で変え、北からメルズブルークに向かった。意図的な目くらましであろうとなかろうと、この予期せぬ接近針路は、メルズブルークの守備陣の不意を突いたようだ。その飛行場に駐留する3つのミッチェル飛行隊のうち、2個が爆撃に向かうため、第27戦闘航空団の攻撃前に離陸した。そして地上要員の一部は来襲したドイツ軍戦闘機に対し手を振ったのが見られた！ と報告されている。

各パイロットは4回ずつの地上掃射を行うよう命じられていた。「遅れて、効果がほとんどない対空砲火」を無視して、大半はそれに成功した。40分間に及んだ猛攻撃による正確な損害に関しては資料により異なるが、第34（写真偵察）連隊はひどい打撃を受けたように見えた。彼らはウェリントン11機、モスキート5機、スピットファイア3機を喪失し、他に損傷を被った機体もあった。さらに追加してミッチェル4機、別のスピットファイア2機、連絡機9機、スターリング1機、それと基地を訪問していた何機かの米軍機が完全に破壊され、他にもっと多くの機体が損傷を被った。空中でも攻撃側は交戦し、スピットファイア2機とオースター1機を撃墜した。

この大殺戮の代償として第27戦闘航空団のパイロット18名が戦死、捕虜、あるいは負傷した。死傷者の少なくとも11名は往路と復路の途中、ドイツ軍占領地上空で「友軍の」対空砲火の誤射により犠牲となった。捕虜となった3名のうちのひとりが第IV飛行隊長ハンス-ハインツ・ドゥベック大尉で、アハマーにある第27戦闘航空団第IV飛行隊の基地に戻る途中、オランダのヴェンレイ上空で乗機のG-10が対空砲火に撃たれたため、落下傘降下した。

航空団は「ボーデンプラッテ」作戦では比較的軽い損失で済んだが、ヒットラーの「千年帝国」が消滅する際の全面的な崩壊の影響から逃れることはできなかった。1945年1月下旬までに赤軍の新たな攻勢がポーランドを席巻し、ドイツを飲み込もうと東から脅かしていた。

西部戦線に残った少数の戦闘航空団のひとつ（大半は赤軍の大波を食い止めようとする無駄な試みのため、東方へ急遽派遣された）として第27戦闘航空団の活動は、西部戦線における戦闘機の出撃を厳しく制限するドイツ空軍最高司令部からの新たな通達で縮小された。それによると、「実際に戦果が得られることが約束された状況である場合のみ」出撃が許された。また航空団の地上要員の多くは歩兵としての職務に移された。こうした制限にも関わらず第27戦闘航空団は出撃を続け、さらに150名を超える損害（三分の二以上は戦死、あるいは行方不明とされた）を被り、大戦終盤の数週間に最後の92機の戦果をあげた。

航空団に長期間在籍していた下士官パイロットのひとりで、任官したばかりのフリッツ・グロモトカ少尉はすぐに最後の第9中隊長に任じられ、1月28日

に騎士十字章を受勲した。そして4日後、「ボーデンプラッテ」作戦から帰還できなかったハンス-ハインツ・ドゥデックの後任として第Ⅳ飛行隊の指揮をとったエルンスト-ヴィルヘルム・ライネルト中尉は、ついに剣付柏葉騎士十字章を受勲した。ヨハネス・シュタインホフに疎まれてから約6カ月後、さらに2機の戦果を上積みしてからのことだった！

航空団で最後に騎士十字章を受勲したのは、多分相応しいと思えるが、第27戦闘航空団第Ⅲ飛行隊長で博士号をもつ40歳のペーター・ヴェルフト大尉で、1945年2月22日のことだった。ドイツ空軍で実戦参加のパイロットとしては最年長のひとりであるヴェルフト博士は英国本土航空戦の間にセヴンオークス上空で初撃墜を記録した。それ以来六度負傷したが、最終撃墜数は「重爆」12機を含む26機に達した。

ヴェルフト飛行隊長の叙勲から3日後、彼の飛行隊はケルン地区でパイロット1名の負傷と引き換えにP-38 5機とオースター（米軍のL-4グラスホッパーの可能性が高い）1機を撃墜した。「オースター」（すなわち着弾観測機）は大戦終盤の航空団の戦果表にきわめて定期的に載るようになる。実際、第27戦闘航空団第Ⅰ飛行隊最後の11機の戦果には5機のこうした機体が含まれ、第Ⅲ飛行隊最後の戦果24機のうち、四分の一は「オースター」だった。しかし、その一方で、第27戦闘航空団のパイロットたちは連合軍が使った兵器の中で最優秀の戦闘機といえるP-51、スピットファイア、それにテンペストもまた相変わらず撃墜していた。

しかし、彼らの精一杯の努力にもかかわらず、1945年3月中旬までに北西ドイツにおいて敵は圧倒的な制空権を握り、四飛行隊すべてがオスナブリュック地区にある基地から撤退し、急速に縮小する帝国の中央部により近い東方に向け退却するよう命じられた。3月第3週に第27戦闘航空団本部、第Ⅰ、第Ⅱ、第Ⅲ飛行隊は指示されたライネ、ホプシュテン、ヘゼペにそれぞれ分かれて向かった。しかしライネルト大尉の第Ⅳ飛行隊には、アハマーを撤退する前に突然終焉が訪れたのである。

3月19日に同飛行隊の結果として最後となる出撃で、ライネルト配下のパイロットたちはオスナブリュック近くでP-51の大規模編隊と交戦した。彼らは何とかマスタング1機を撃墜したが、5名戦死、6名負傷の損失を被った。2日後、第8航空軍は第27戦闘航空団の所在を掴んでいた飛行場を大規模に攻撃した。ライネ、ホプシュテン、ヘゼペに展開していた部隊はわずか数時間前に逃れ、飛び去っていった。しかしアハマーを目標とした180機のB-24による爆撃とそれに続いた戦闘機の機銃掃射で、第27戦闘航空団第Ⅳ飛行隊に残された38機の戦闘機は1機を除いてすべてが破壊された。

攻撃による人的損害の方はたとえあったとしてもわずかだったとはいえ、大戦最後の6週間におけるドイツの混沌の中で同飛行隊に機材を再配備し、再建することは実際的ではないと考えられた。そのため第27戦闘航空団第Ⅳ飛行隊は3月末に公式に解隊された。

一方、他の飛行隊は戦い続けた。3月24日、第27戦闘航空団第Ⅲ飛行隊も同様にマスタング1機を撃墜したが、もっと大きな損害を被り、パイロット8名が戦死、1名が負傷した。同じ日に、第Ⅰ飛行隊は4機のK-4とそのパイロットを喪った。翌日に今度は第27戦闘航空団第Ⅱ飛行隊がパイロット4名の戦死、あるいは行方不明を報じた。しかし、ルール北方のボホルト周辺における格闘戦ではP-47 2機とテンペスト1機を撃墜した。4月7日に第Ⅱ飛行隊

大戦終結時の第27戦闘航空団機の写真を発見することはきわめて難しい上に、識別はさらに困難である。1945年5月にプラハ-クベリィで残骸に囲まれたこのK-4は、第27戦闘航空団第Ⅰ飛行隊の「白の9」でないかといわれている（＊）。胴体後部の暗色の帯について疑問はあるものの、これは十分あり得る話だ。それというのも、クベリィは第Ⅰ、第Ⅲ飛行隊にとって、ベルリン地区からバイエルンを経て最後はオーストリアで降伏に至る南への退却行において、最後の駐留地だった。それ故にこの写真はたとえもの悲しげではあっても、あらゆる戦闘航空団の中で最も有名な部隊のひとつに捧げる、相応しい手向けといえよう。

＊［最近の研究によると胴体後部の帯は赤と黒のチェッカーで、第6爆撃（戦闘）航空団(KG(J)6)の所属を示す。また型式名はK-4でなく、G-10である］

はさらに成功を収め、ゲッティンゲン近郊でP-38 1機、P-47 2機、B-26 3機を損害なしで撃墜した。

翌週、部隊最後の分離が行われた。航空団本部と第27戦闘航空団第Ⅱ飛行隊は北のバルト海に向かう前に、さらに東方、ベルリン近くのラーテナウに退却した。一方シュヴェリンでは4月後半に第Ⅱ飛行隊は赤軍空軍機と「バルバロッサ」作戦劈頭以来の交戦を行った。そして、4年前の「バルバロッサ」第1週の撃墜戦果42機に、さらに10機のソ連軍機を追加した。今度の代償は対空砲火でパイロット1名が撃墜されただけでなく、2名が戦死、1名が行方不明、そして1名がソ連軍の捕虜となった。

4月30日、第7中隊のホルスト・リッペルト曹長は第27戦闘航空団第Ⅱ飛行隊最後の、そして事実上航空団にとっても最後となる2機の撃墜を記録した。スピットファイアと識別されたそれらは、ほぼ確実にその日シュヴェリン飛行場を攻撃した後に帰還できなかった第3飛行隊の（第27戦闘航空団にとっては馴染み深い対戦相手の）テンペストである。敵が攻撃を終えて引き揚げた直後、航空団本部と第Ⅱ飛行隊は最後の移動のため離陸した。彼らはシュレスヴィヒ-ホルシュタインのレックに向かい、そこでイギリス軍の到着を待ち、最終的に降伏した。

一方、1945年4月中旬に第27戦闘航空団第Ⅰ、第Ⅲ飛行隊はベルリンの南、グロッセンハインへ移動した。そこに展開していた間に両飛行隊は各々最終戦果を記録し、第27戦闘航空団第Ⅰ飛行隊は4月19日に（おそらくカナダ軍の）スピットファイア2機を撃墜し、第27戦闘航空団第Ⅲ飛行隊はその2日後にやはりスピットファイアを撃墜した。4月第3週に両飛行隊はさらに南下し、チェコスロヴァキアを経由してバイエルンのバート-アイブリングに向かった。彼らは4月末までにさらに7名の死傷者を出した。これが最後の死傷

者となった。

　ほんの数日後に戦争終結を迎えることは明らかだった。アフリカ戦を経験していた2人の飛行隊長、エーミール・クラーデとペーター・ヴェルフト博士は、自分たの責任でとるべき行動を決断した。エルベ河で米軍とソ連軍が連結した結果、今や2つに分割された帝国の南半分にいたドイツ空軍部隊の集結地であるオーストリアのザルツブルクへ、5月2日、彼らは両飛行隊を率いて出発した。

　そして、ザルツブルクで全般的な混乱の中、彼らは保有機をそこに放置した。そしてより上級の指揮系統からの命令を受けることなく、パイロットも地上要員も等しく、合体した2つの飛行隊の人員、合計約1000名に対し隊列を組んで行進し、陸路をザールバハへ向かうよう指示した。

　これが、移動命令の不備に疑問を覚えた頑強な抵抗者、武装親衛隊のいくつかの部隊の干渉に遭いながらも、彼らがなんとかやり遂げたことである。こうして、北アフリカの熱砂と同義語だった第27戦闘航空団の歴史は、オーストリア・アルプスの標高1000mにある小さな避暑地の町で米軍に投降した時に終わった。

付録
appendices

1. 第27戦闘航空団の歴代指揮官

■「アフリカ」航空団司令

氏名	階級	在任期間
マックス・イーベル	大佐	1939年10月1日から40年10月10日まで
ベルンハルト・ヴォルデンガ	少佐*	1940年10月11日から40年10月22日まで
ヴォルフガング・シェルマン	少佐	1940年10月22日から41年6月21日まで(†)
ベルンハルト・ヴォルデンガ	中佐	1941年6月21日から42年6月10日まで
エドゥアルト・ノイマン	中佐	1942年6月10日から43年4月22日まで
グスタフ・レーデル	大佐	1943年4月22日から44年12月29日まで
ルートヴィヒ・フランツィスケット	少佐	1944年12月30日から45年5月8日まで

■飛行隊長

第27戦闘航空団第Ⅰ飛行隊

氏名	階級	在任期間
ヘルムート・リーゲル	大尉	1939年10月1日から40年7月20日まで(†)
エドゥアルト・ノイマン	少佐	1940年7月20日から42年6月10日まで
ゲーアハルト・ホムート	大尉	1942年6月10日から42年11月11日まで
ハインリヒ・ゼッツ	大尉	1942年11月12日から43年3月13日まで(†)
ハンス-ヨアヒム・ハイネッケ	大尉*	1943年3月17日から43年4月7日まで
エーリヒ・ホハーゲン	大尉	1943年4月7日から43年6月1日まで(戦闘負傷により離任)
ハンス・レマー	大尉*	1943年6月1日から43年7月15日まで
ルートヴィヒ・フランツィスケット	大尉	1943年7月15日から44年5月12日まで(戦闘負傷により離任)
ハンス・レマー	大尉*	1944年3月から44年4月2日まで(†)
ヴァルター・ブルーメ	大尉*	1944年4月3日から44年5月12日まで
エルンスト・ベルンゲン	大尉	1944年5月13日から44年5月19日まで(戦闘負傷により離任)
カール-ヴォルフガング・レーディヒ	少佐	1944年5月19日から44年5月29日まで(†)
ヴァルター・ブルーメ	大尉	1944年5月29日から44年6月11日まで
ルードルフ・ジナー	大尉	1944年6月12日から44年7月30日まで
ジークフリート・ルッケンバハ	大尉*	1944年7月30日から44年8月15日まで
ディーテリム・フォン・アイヒェル-シュトライバー	大尉	1944年8月25日から44年11月30日まで

氏名	階級	在任期間
ヨハネス・ノイマイアー	大尉	1944年12月1日から44年12月11日まで(†)
シュラー	大尉*	1944年12月11日から44年12月22日まで
エーバーハルト・シャーデ	大尉	1944年12月22日から45年3月1日まで(†)
ブーフホルツ	少尉*	1945年3月1日から45年4月3日まで
エーミール・クラーデ	大尉	1945年4月3日から45年5月8日まで

第27戦闘航空団第Ⅱ飛行隊

氏名	階級	在任期間
エーリヒ・フォン・シェレ	大尉	1940年1月1日から40年1月31日まで
ヴェルナー・アンドレス	大尉	1940年2月1日から40年9月30日まで
エルンスト・デュルベルク	中尉*	1940年8月8日から40年9月4日まで
ヴォルフガング・リッペルト	大尉*	1940年9月4日から40年9月30日まで
ヴォルフガング・リッペルト	大尉	1940年10月1日から41年11月23日まで(戦争捕虜)
グスタフ・レーデル	大尉	1941年11月23日から41年12月25日まで
エーリヒ・ゲルリッツ	大尉	1941年12月25日から42年5月20日まで
グスタフ・レーデル	大尉	1942年5月20日から43年4月20日まで
ヴェルナー・シュロアー	大尉	1943年4月20日から44年3月13日まで
フリッツ・ケラー	大尉	1944年3月14日から44年12月まで
ヴァルター・シュピース	大尉	1944年12月から44年12月12日まで(†)
フリッツ・ケラー	大尉	1944年12月12日から44年12月17日まで(戦争負傷により離任)
ヘルベルト・クッチャ	大尉	1944年12月から44年12月25日まで(戦闘負傷により離任)
アントーン・ヴェッフェン	大尉*	1945年1月3日から45年1月20日まで
ゲーアハルト・ホヤー	大尉	1945年1月21日から45年1月21日まで(戦闘以外の任務で死亡)
アントーン・ヴェッフェン	大尉	1945年1月22日から45年1月まで
フリッツ・ケラー	大尉	1945年1月から45年5月8日まで

第27戦闘航空団第Ⅲ飛行隊(前身はⅠ./JG131、Ⅰ./JG130、Ⅰ./JG1)

氏名	階級	在任期間
ベルンハルト・ヴォルデンガ	少佐	1937年4月1日から40年2月13日まで
ヨアヒム・シュリヒトゥンク	大尉	1940年2月13日から40年9月6日まで(戦争捕虜)
マックス・ドヴィスラフ	大尉	1940年9月7日から41年9月30日まで
エアハルト・ブラウネ	大尉	1941年10月1日から42年10月11日まで
エルンスト・ディルベルク	大尉	1942年10月11日から44年9月30日まで
フランツ・シュティクラー	中尉*	1944年10月1日から44年10月7日まで
ペーター・ヴェルフト	大尉	1944年10月から45年5月8日まで
エーミール・クラーデ	中尉*	1945年2月から45年4月3日まで

第27戦闘航空団第Ⅳ飛行隊

氏名	階級	在任期間
ルードルフ・ジナー	大尉	1943年5月25日から43年9月13日まで
ディートリヒ・ベーズラー	大尉*	1943年9月から43年10月10日まで(†)
アルフレート・ブルク	大尉	1943年10月から43年10月18日まで
ヨアヒム・キルシュナー	大尉	1943年10月19日から43年12月17日まで(†)
オットー・マイヤー	大尉	1943年12月から44年7月12日まで(戦闘中行方不明)
ハンス-ハインツ・ドゥーデック	大尉	1944年7月から45年1月1日まで(戦争捕虜)
エルンスト-ヴィルヘルム・ライネルト	大尉	1945年1月2日から45年3月23日まで

注:
*印は代理、(†は戦死)

2. 騎士十字章受章者一覧

■JG27で騎士十字章、あるいはそれより高位の勲章を授与された者をすべて時系列に沿って載せた。
( )内の数字は叙勲された時の撃墜数

氏名	階級	騎士十字章	柏葉	剣	消息
ヴィルヘルム・バルタザル	大尉	1940年6月14日(23)			
マックス・イーベル	大佐	1940年8月22日(0)			
ヴォルフガング・リッペルト	大尉	1940年9月24日(12)			DAS
ヨアヒム・シュリヒティンク	大尉	1940年12月14日(3)			PoW
ゲーアハルト・ホムート	中尉	1941年6月14日(22)			
グスタフ・レーデル	中尉	1941年6月22日(20)	43年6月20日(78)		

氏名	階級	騎士十字章	柏葉	剣	消息
ベルンハルト・ヴォルデンガ	少佐	1941年7月5日(1)			
カール-ヴォルフガング レートリヒ	大尉	1941年7月9日(21)			KIA
ルートヴィヒフランツィスケット	中尉	1941年7月20日(22)			
エルボ・フォン・カーゲネク伯爵	中尉	1941年7月30日(37)	41年10月26日(65)		DAS
ハンス-ヨアヒム・マルセイユ*	少尉／中尉	1942年2月22日(50)	42年6月6日(75)	42年6月18日(101)	KIA
オットー・シュルツ	上級曹長	1942年4月22日(44)			MIA
ハンス-アーノルト・シュタールシュミット	少尉／中尉	1942年8月20日(47)	44年1月3日(59)P		MIA
フリードリヒ・ケルナー	少尉	1942年9月6日(36)			PoW
ヴェルナー・シュロアー	中尉／大尉	1942年10月20日(49)	43年8月2日(84)		
ギュンター・シュタインハウゼン	曹長	1942年11月3日(40)P			KIA
カール-ハインツ・ベンデルト	少尉	1942年12月30日(42)			
ヴォルフ・エッテル	中尉	1943年8月31日(124)P			KIA
ヴィリィ・キーンチ	少尉／中尉	1943年11月22日(43)	44年7月20日(52)P		KIA
ハンス・レマー	大尉	1944年6月30日(26)P			
エルンスト・ベルンゲン	少佐	1944年8月3日(38)			
エルンスト・ディルベルク	少佐	1944年8月20日(37)			
フリッツ・グロモトカ	少尉	1945年1月28日(29)			
エルンスト-ヴィルヘルム・ラインェルト	中尉	1945年2月1日(174)			
ヘルベルト・シュラム	大尉	1945年2月1日(42)P			KIA
ペーター・ヴェルフト博士	大尉	1945年2月22日(26)			

注：
*ハンス-ヨアヒム・マルセイユ大尉はダイアモンド・剣付柏葉騎士十字章を授与された唯一のJG27隊員。126機撃墜の功により42年9月2日に叙勲。
P＝死後に受章
PoW＝戦争捕虜
KIA＝戦死
MIA＝戦闘中行方不明
DAS＝戦闘以外の任務で死亡

3. 撃墜戦果

部隊	撃墜数	パイロットの喪失(あらゆる原因による死亡、行方不明を含む)
JG27航空団本部	82	12
JG27第Ⅰ飛行隊	989	180
JG27第Ⅱ飛行隊	962	234
JG27第Ⅲ飛行隊	851	173
JG27第Ⅳ飛行隊	258	126
合計	3142	725

カラー塗装図　解説
colour plates

1
Ar68F　「白の二重シェヴロン」　1937年12月　イェーザウ
第131戦闘航空団第Ⅰ飛行隊長　ベルンハルト・ヴォルデンガ大尉
ドイツ空軍複葉戦闘機の単純なマーキングとその有効性を示すのが、このアラド戦闘機の胴体前部に記入された白い二重シェヴロンで、これが飛行隊長機を示している。機首から胴体上部にかけて塗られた目立つ黒塗装は、第131戦闘航空団の所属を表す。幾何学的図形、さらに加えて数字との組み合わせは飛行隊内の全機を一目で識別することが可能だった（第1章の写真も参照）。

2
Bf109D-1　「黒のシェヴロンと電光」　1938年9月
イェーザウ　第131戦闘航空団第Ⅰ飛行隊本部
図はミュンヘン危機の頃の機体を示す。第131戦闘航空団第Ⅰ飛行隊に配備されて間もない「ドーラ」[D型の愛称]は、Bf109が導入された際に戦闘機部隊に取り入れられた地味指向のよい見本で、もはや色鮮やかな塗り分けとは訣別し、機能一点張りの茶色がかった緑に塗られている。わかる者に所属部隊を示すのは飛行隊章だけである。一風変わったマーキングは、公式には飛行隊付信号将校の乗機を示している。しかし、当のお偉方は年齢がいってる上にパイロットの資格ももたないため、この機体は飛行隊本部の誰でも必要とした場合に使った。

3
Bf109E-3　「黄色の7」　1939年10月
ミュンスター-ハンドルフ　第27戦闘航空団第3中隊
もしも、この図のように部隊が識別の手がかりとなる部隊章をもたない場合、部隊名を秘匿する効果は完璧に近い。機体番号「7」の書体が証拠となって部隊がわかる。通常の「7」は大戦開始後数週間はどこの飛行隊の第3中隊にも大抵当てはまるが、第27戦闘航空団第Ⅰ飛行隊では「7」をヨーロッパ大陸風の書き方、つまり小さな棒を真ん中で交差させた書体で記入していた。地上から飛行中の機体を識別することが困難であるという問題がポーランド戦で露呈した結果、多くのドイツ空軍機に導入された主翼下面の巨大な国籍標識に注目。

4
Bf109E-1 「赤の9」 1939年12月 フォルデン
第1戦闘航空団第2中隊
1939年末までに第1戦闘航空団第I飛行隊のマーキングは変遷の過程にあった。「赤の9」はポーランド戦後に導入した巨大な翼下面国籍標識と新式の胴体国籍標識を組み合わせているが、尾翼のカギ十字の中心は方向舵ヒンジと一致している。しかし、最も目立つ発案は機体番号をカウリングに記入したことだ。第1戦闘航空団第I飛行隊(後の第27戦闘航空団第III飛行隊)はその場所に機体番号を記入した唯一の戦闘飛行隊である。第2中隊を示すスピナーの赤い塗り分けと、短期間だけ使われた中隊章(英国首相チェンバレンの傘を真っ二つに切った剣をかたどっている)に注目。

5
Bf109E-3 「黒の11」 1940年1月 マクデブルク
第27戦闘航空団第5中隊
第27戦闘航空団第II飛行隊が1940年1月に実戦態勢に移行した時、ライトブルーの塗り分け位置が上に寄り、巨大な胴体国籍標識と尾翼のカギ十字の位置をずらした「エーミール」が配備された。ひとつ奇妙なのは第4中隊と第6中隊は規定通りの中隊色である白、黄色をそれぞれ使ったが、当初第5中隊は機体番号を縁どりだけで記入していたことである。中隊色の赤は胴体後部の第II飛行隊を示す横棒だけに使われた。

6
Bf109E-1 「赤の1」 1940年2月 クレフェルト
第27戦闘航空団第2中隊長 ゲルト・フラム中尉
1940年初めまでに第27戦闘航空団第I飛行隊機にもライトブルーの塗り分け位置が上に寄った迷彩が導入された。アンテナ支柱のペナントと胴体後部の斜め帯はこれが第2中隊長機であることを示す。同中隊に属する12機全部が(第一次世界大戦の結果失った)旧ドイツ植民地名をカウリングに記入していた。後にそれらの地名は縮小され、一時的に中隊章と置き換わるが、最後にはよく知られた飛行隊章が取って代わることになる。

7
Bf109E-4 「白の1」 1940年5月 モンシー-ブレトン
第1戦闘航空団第1中隊長 ヴィルヘルム・バルタザル大尉
やはり中隊長機(アンテナ支柱のペナントに注目)である、この「エーミール」、製造番号1486はヴィルヘルム・バルタザルの初期の乗機である。垂直安定板に記された11機の撃墜戦果の最後の1本は、1940年5月26日にカレー近くで撃墜した第19飛行隊のスピットファイアである。最終撃墜戦果10機をあげて大戦を生き延びた上のゲルト・フラムとは異なり、バルタザルは第2戦闘航空団司令に昇進するが1941年7月3日に戦死する。それは40機撃墜の功で柏葉騎士十字章を受勲した翌日のことである。

8
Bf109E 「白の10」 1940年5月 シャルルヴィル
第27戦闘航空団第1中隊
図は西方の電撃戦最盛期の機体である。「白の10」は低地諸国とフランスに侵攻する直前に導入された第I飛行隊章を記入している。最初は第2中隊に導入されたこの飛行隊章は、植民地を主題としてアフリカ地図に重ねて黒人と雌ライオン?の頭を記入している。リビアに進出後に導入したものと考えられていた時期もあるが、この予見に満ち適切な選択といえる飛行隊章は、実際にはそれより優に12ヵ月も前に導入されていた。

9
Bf109E 「黄色の6」 1940年9月 フィアンヌ
第27戦闘航空団第6中隊
英国本土航空戦の最終局面で、従来の第II飛行隊「エーミール」の無垢なライトブルーに塗られた胴体側面は、迷彩色の緑が追加されて色調を落とされた(軽く重ねた塗り方から密度の濃い斑点まで変化に富む)。機体はカウリングと方向舵が黄色く塗られており、これは海峡方面の一般的な識別塗装である。1940年8月に初めて導入された「ベルリン熊」を描いた新しい第II飛行隊章と、方向舵の撃墜戦果1機に注目。英国本土航空戦の間に初撃墜を記録した第6中隊隊員は少なくとも4名いるが、これが誰の機体かはわからない。

10
Bf109E-7 「白の1」 1940年9月 ギネ
第27戦闘航空団第1中隊長 ヴォルフガング・レートリヒ中尉
図版9の機体よりもっと斑点が密なこの機体には飛行隊章、中隊長機を示す斜め帯、尾翼のカギ十字前方に9機の撃墜戦果が記入されている(レートリヒの9機目は9月9日にロンドン上空で撃墜したハリケーン)。この製造番号5580は第27戦闘航空団が何の関与もしなかった戦域、スカンジナビアと(ごくわずかな)関連をもった。それは第27戦闘航空団第I飛行隊から除籍されてだいぶ経った1942年2月24日のことである。機体を「黄色の25」としてノルウェーのある戦闘飛行隊に空輸する途中、パイロットのアントーン・フーノルト軍曹が方位を失い、スウェーデンの凍った湖に胴体着陸したのだ!

11
Bf109E-7 「黒の2」 1941年3月 ヴルバ
第27戦闘航空団第5中隊
第II飛行隊機の多くは海峡方面の戦域塗装からバルカン戦域塗装へ変えるのに、翼端を黄色く塗り胴体後部に細い黄帯を追加するという簡単な方法で済ませた。しかし、第4中隊と第6中隊は胴体国籍標識と横棒の間に注意深くその黄帯を記入したが、第5中隊は黄帯を横棒の上に直接記入した。黒い機体番号と赤い横棒という、相変わらず同中隊が続けている習慣に注目(カラー図5を参照)。

12
Bf109E-4/B 「黄色の5」 1941年6月 ヴィルナ
第27戦闘航空団第6中隊
航空団の本隊と別れてギリシャからソ連に侵攻する前の数ヵ月間に、第II飛行隊の地上要員には「バルバロッサ」作戦の教科書通りの装いである、主翼端下面(翼幅の三分の一に及ぶ)と胴体国籍標識の後ろに幅広い帯を明るい黄色で塗るための、十分な時間があったのは明らかだ。この機体は胴体下面の大きなラックに96発のSD2破砕爆弾(本シリーズ第27巻「東部戦線のメッサーシュミットBf109エース」20頁を参照)を装着している。1列4個で24列からなる爆弾の起爆用鋼鉄製ワイヤーが気流の中で房飾りのように垂れ下がっている。

13
Bf109E-7 「黄色の1」 1941年8月 ゾルジィ
第27戦闘航空団第9中隊長 伯爵エルボ・フォン・カーゲネック中尉
1940年7月に第1戦闘航空団第I飛行隊が第27戦闘航空団第III飛行隊に改編された時、ドイツ空軍の通常の規則に準拠した第III飛行隊標識の縦棒を胴体後部に記入しなかった。エンジン・カウリング上に機体番号を記入するという同飛行隊の他に例を見ない習慣は、おそらく認識、ないし識別目的に十分かなうと考えられたのだろう。方向舵に記入された45機の撃墜スコアの最後は、1941年8月18日にノヴゴロド近くで撃墜の「I-18」と記されたソ連単発戦闘機(しかし多分MiG-3)である。

14
Bf109E-7 trop 「黒のシェヴロンとA」 1941年9月
アイン・エル・ガザラ 第27戦闘航空団第I飛行隊補佐官
ルートヴィヒ・フランツィスケット中尉
上の機体のちょうど半分の撃墜スコア(23機でその最後の戦果は1941年9月9日にシーディ・バラーニ東部で撃墜したハリケーン)を記入した「ツィスクス」・フランツィスケットの砂漠仕様E-7は、砂漠に到着してから最初の数ヵ月間に第27戦闘航空団第I飛行隊が導入した一種の塗装が塗られている(北アフリカに到着した大部分の機体は標準のヨーロッパ迷彩に塗られていた)。目立つ黄色の塗り分けは次第に消えてゆき、白が地中海戦域における全枢軸国軍用機の識別色とされた。

15
Bf109F-4 trop 「黒の二重シェヴロン」 1941年11月 アイン・エル・ガザラ 第27戦闘航空団第I飛行隊長 エドゥアルト・ノイマン大尉
1941年末に第I飛行隊が「フリードリヒ」に機体更新し始めた当初、カウリングと方向舵には大面積の黄色が塗られていた(方向舵には「エドゥ」ノイマンの当時の撃墜スコア11機の痕跡すらないが)。白い戦域標識は主翼端と胴体後部の帯だけに限定されている。しかしこの機体は、以後も砂漠で運用された第27戦闘航空団機に塗られた基本的迷彩(上面全体が褐色、下面がライトブルー)の好例といえる。

16
Bf109F-4 trop 「黒の9」 1941年12月 アイン・エル・ガザラ
第27戦闘航空団第5中隊
第27戦闘航空団第II飛行隊は北アフリカへ移動する前の1941年秋

に、デベリッツで砂漠仕様の「フリードリヒ」に更新した。これはデベリッツで更新した機体のうちの1機である。その根拠は何か？　地中海方面に進出してから塗られた胴体後部の白帯が、まだドイツにいた時に（機体番号と一緒に）記入された、第Ⅱ飛行隊標識の横棒を部分的に覆い隠しているからである。

17
Bf109F-4 trop　「黒の2」　1941年12月　トゥミミ
第27戦闘航空団第8中隊
デベリッツで機種更新した後、リビアに到着したばかりと思われる第27戦闘航空団第Ⅲ飛行隊の「黒の2」は、後から戦域標識の白帯を記入する際に胴体後部の飛行隊標識を塗りつぶさず、隙間を空ける方を選んだ。Bf109Fに機材更新した際に、同飛行隊はカウリングに機体番号を記入するという習慣を止めた。そのため今度は飛行隊標識を記入する必要があったが、通常の縦棒の代りに第27戦闘航空団第Ⅲ飛行隊は戦前の複葉機時代にまで遡る波形記号を採用した。

18
Bf109F-4 trop　「黄色の14」　1942年5月　トゥミミ
第27戦闘航空団第3中隊　ハンス-ヨアヒム・マルセイユ少尉
北アフリカ戦線の「フリードリヒ」の中で、ハンス-ヨアヒム・マルセイユの乗機である一連の「黄色の14」が、最も有名に違いない。彼はこの製造番号10059を1942年初夏の数カ月間使用した（この機体は「黄の12」としてフリードリヒ・ホフマン少尉が操縦し、同年9月にエル・アラメイン近くで空中衝突により喪失する）。方向舵に記入された68機の撃墜スコアのうち、最後の3機は5月31日にトブルク近くで撃墜したキティホーク。マルセイユの乗機で第Ⅰ飛行隊章を記入したものは少なく、この機体にもないことに注目（本シリーズ第5巻「メッサーシュミットのエース　北アフリカと地中海の戦い」を参照）。

19
Bf109F-4 trop　「赤の1」　1942年8月　クオータイフィア　第27戦闘航空団第2中隊長　ハンス-アルノルト・シュタールシュミット少尉
親友マルセイユの影に隠れてはいるが、「フィフィ」・シュタールシュミットは砂漠できわめて成功した第27戦闘航空団第Ⅰ飛行隊のもうひとりのエクスペルテだ。彼の「赤の1」は方向舵に48機の撃墜スコアを記入しており、すべて北アフリカにおける戦果だが、その功により騎士十字章を授与された。しかし、1942年9月7日にエル・アラメインの南東で（「赤の1」に搭乗して）行方不明が伝えられ、彼の前途有望に思われた戦歴に終止符が打たれた。この「フリードリヒ」はすぐ前の図版の4機とは異なって、もうひとつの迷彩パターンを示しており、胴体の塗り分け位置がずっと下に寄っている。

20
Bf109F-4 trop　「黄色の5」　1942年8月　クオータイフィア
第27戦闘航空団第6中隊　ゲーアハルト・ミクス少尉
マルセイユやシュタールシュミットとは対極にいたのが第6中隊のゲーアハルト・ミクスで、1942年8月14日に連合軍戦線の背後に胴体着陸を余儀なくされるまで、（知られる限りは）1機も撃墜戦果をあげられなかった。彼の「黄色の5」は胴体国籍標識の中の黒十字部分が広く、黒い縁どりのないところが通常とは異なる。第27戦闘航空団のいくつかの所属機に見られるが、同様な十字は現地で処理されたものではなく、隣の第53戦闘航空団第Ⅲ飛行隊の「フリードリヒ」にも見られる。多分イタリアにある補給廠のいずれかで塗られたと思われるが、通常の国籍標識から変化した理由は不明。

21
Bf109G-4 trop　「白の7」　1943年5月　トラーパニ
第27戦闘航空団第4中隊
砂漠迷彩の機体をすべて北アフリカに遺棄して引き揚げた第27戦闘航空団第Ⅱ飛行隊には、地中海戦域を示す白帯が追加されたグレイ系標準迷彩の補充機が配備された。飛行隊章、中隊章とも記入された「白の7」は、1943年春にシチリア島、チュニジア間を結ぶ船団の護衛任務で主力を務めた典型的な機体である。

22
Bf109G-4 カノーネンボート　「白の10」　1943年5月　ポワ
第27戦闘航空団第1中隊
一方、第Ⅰ飛行隊はフランス北西部に戻り、ずっとそこに止まっていたJG2、JG26と協同戦線を張った。同飛行隊の「グスタフ」は方向舵とカウ

リング下面が黄色に塗られており、これは大戦中期の海峡方面識別マーキングである。1940年夏の英国本土航空戦当時に展開していた同じ地域に舞い戻って地理的には不似合いとなったが、第27戦闘航空団第Ⅰ飛行隊の「アフリカ」記章を引き続き記入している。

23
Bf109G-6 trop　「黄色の1」　1943年7月　タナグラ
第27戦闘航空団第12中隊長　ディートリヒ・ベスラー中尉
第27戦闘航空団第Ⅳ飛行隊は1943年春にギリシャで新編成された時、公式に第Ⅳ飛行隊標識とされた波形記号を使うことができなかった（すでに第27戦闘航空団第Ⅲ飛行隊がその記号を使っていた）。そこで新編の飛行隊は図に示したような他に例を見ない「上下二段横棒」記号を採用した。方向舵上で目立つスピナーと、アンテナ支柱の中隊長を示す丸いペナントにも注目。ディートリヒ・ベスラーは翌月に自身がB-17の犠牲となるまでに、9月19日にコス沿岸でスピットファイア1機を撃墜した。

24
Bf109G-6 カノーネンボート　「赤の13」　1943年11月　カラマキ
第27戦闘航空団第11中隊　ハインリヒ・バルテルス曹長
第27戦闘航空団第Ⅳ飛行隊のG-6「カノーネンボート」は、1943年晩秋までに規定にかなった波形の第Ⅳ飛行隊標識を記入したことが、この「赤の13」を見ればわかる。同飛行隊で最も成功したパイロットであるハインリヒ・バルテルスの乗機である。方向舵には（45機撃墜の功で1年前に授与された）騎士十字章の下に、きっかり70機分の撃墜戦果が記されており、最後の4機は11月17日にカラマキ近郊で撃墜したP-38。風防の下に記入されたバルテルスの妻の名前「マルガ」に注目。これは彼の乗機すべてに共通の特徴と伝えられている。

25
Bf109G-6 trop カノーネンボート　「白の9」　1943年12月
マレメ　第27戦闘航空団第7中隊
第27戦闘航空団第Ⅳ飛行隊がついに正しい飛行隊標識を記入した理由は、第Ⅲ飛行隊が最近行った機材更新の間にその記号の使用をやめるよう説得されたから（規定を読めと命じられたか？）である。この第Ⅲ飛行隊の「グスタフ」には、今や胴体国籍標識の後ろに規定通りの縦棒が記入されている。さらに、「白の9」には飛行隊章と最近導入された中隊章も記入されている。全面白く塗られた垂直尾翼は編隊指揮官機を示し、多分エーミール・クラーデ中隊長の乗機であろう。

26
Bf109G-6 カノーネンボート　「白の4」　1944年1月
フェルス・アム・ヴァグラム　第27戦闘航空団第1中隊
1943年晩夏に北西ヨーロッパから南東ヨーロッパへ移動し、第27戦闘航空団第Ⅰ飛行隊が拡大しつつある本土防衛任務に従事していることを示す緑帯を胴体後部に記入したのは、1944年1月にフェルス・アム・ヴァグラムに展開していた時のことだった。しかし、「白の4」はまだ飛行隊章だけでなく、カウリング下面と方向舵を黄色に塗ったままで、北西ヨーロッパに7カ月間駐留していた名残をとどめている。

27
Bf109G-6 カノーネンボート　「白の23」　1944年1月
フェルス・アム・ヴァグラム　第27戦闘航空団第1中隊
フェルスにいた間に、第27戦闘航空団第Ⅰ飛行隊の勢力は通常のほぼ2倍に増強された。これは同飛行隊が追加任務を遂行するためであった。その任務とは、他の部隊の経験豊富なパイロットを編隊指揮官に訓練するというもの。だからこの「カノーネンボート」には二つの数字が記入されていた。「白の23」（大きな数字は保有定数の増加を示す）は中隊内の機体番号で、「黒の1」は訓練目的である。後者の導入により飛行隊章は消された。しかし、いずれにしても大戦後半のこの時期にあってはそうした識別目的の部隊章は消えつつあった。そして、4年間近く記入されていた有名な「アフリカ」記章も間もなく消える運命にあった。

28
Bf109G-6 カノーネンボート　「黄色の8」　1944年2月
スコピエ　第27戦闘航空団第12中隊
ギリシャから北方のユーゴスラヴィアへ移動した後も、第27戦闘航空団第Ⅳ飛行隊は地中海戦域を示す胴体の白帯を記入したままだった。だが、南東ヨーロッパを爆撃する米軍重爆撃機の迎撃が主任務となった今でも、公式には本土防衛部隊組織へ編入されていないため、緑帯は

記入していない。渦巻きの記入された白いスピナーと白い方向舵に注目。後の方は多分4機編隊の指揮官(シュヴァルム・フューラー)を示すと思われる。

29
Bf109G-6 カノーネンボート 「黒の2」 1944年2月
ヴィースバーデン-エルベンハイム 第27戦闘航空団第5中隊
第27戦闘航空団第Ⅱ飛行隊はドイツ中部に駐留し、したがって本土防衛組織にしっかりと組み込まれているにもかかわらず、同航空団の緑帯もまた塗られていないのは、驚くべきことであろう。しかし、このひどく汚れたグスタフは飛行隊章をまだ記入したままである。そして、同飛行隊機の特徴である通常より密に記入された渦巻きにも注目。この機体は、1944年5月12日に同飛行隊が駐留していたメルツハウゼン基地上空で、ハインツ・シュレヘター少尉がB-17に体当たりを敢行した際(彼が報告した撃墜戦果4機の3番目に当たる)の乗機の可能性がある。

30
Bf109G-6 カノーネンボート 「黒の二重シェヴロン」 1944年3月
グラーツ-タレルホフ 第27戦闘航空団第Ⅳ飛行隊長
オットー・マイアー大尉
匿名性を増したはずの第Ⅳ飛行隊機からもう1機。オットー・マイアー飛行隊長は同じ部隊内ではあったが、部下のパイロットたちが指揮官機をすばやく識別できるように、二重シェヴロンをこんなに大きく記入していた! オットー・マイアーは後にノルマンディ戦線で1944年7月12日に行方不明と報じられたが、連合軍戦闘機あるいは対空砲火の犠牲になったと思われる。彼の最終撃墜戦果21機のうち15機は第27戦闘航空団に属していた時のものであった。

31
Bf109G-6 trop カノーネンボート 「白の3」 1944年4月
マレメ 第27戦闘航空団第7中隊 フランツ・シュタットラー軍曹
地中海戦域に3年にわたって展開した第27戦闘航空団の最終章は、第7中隊によって記されることになった。航空団内の他の部隊全部がすでに本土防衛任務に就いていた時、中隊はまだ砂漠仕様の「グスタフ」でクレタ島北西部から作戦していた。シュタットラー軍曹は1944年5月14日にブリンディジの北東でSM84輸送機6機のうち最後の機体を撃墜した(本文を参照)。したがって、彼は同航空団の地中海戦域における総撃墜数1740機のまさしく最後の戦果をあげたことになる。そしてこれが彼の唯一の撃墜戦果だった。

32
Bf109G-6 「白の5」 1944年6月 コナントル
第27戦闘航空団第7中隊
クレタ島での成功から1カ月余り後に第7中隊は第Ⅲ飛行隊の本隊と合流し、ノルマンディ戦線に投入された。その間、おそらくウィーン-ゲッツェンドルフに短期間だけ駐留していた間と思われるが、同中隊は非砂漠仕様の後期型「グスタフ」(背が高い垂直尾翼に注目)へ更新する機会を得た。胴体後部で第Ⅲ飛行隊標識の縦棒の後方に、緑の本土防衛標識帯が今は塗られている。

33
Bf109G-6/AS 「黄色の2」 1944年7月
フェルス・アム・ヴァグラム 第27戦闘航空団第6中隊
第Ⅰ、第Ⅲ、第Ⅳ飛行隊がノルマンディ戦線に投入されていた間に、第27戦闘航空団第Ⅱ飛行隊はオーストリアに下がって、新型G-6/AS高高度戦闘機の導入に忙殺されていた。これらの機体にはやはり同航空団の緑帯が記入されていた。しかし、第Ⅱ飛行隊(胴体国籍標識の直後)と第Ⅲ飛行隊(カラー塗装図32を参照)の記入位置の違い、両飛行隊の帯とも第Ⅰ飛行隊の帯(カラー塗装図26、27を参照)より幅が狭いことに注目。主翼端下面が黄色に塗られているのは、この機体のパイロットが盲目飛行の経験が豊富であることを示す。視界不良の状況では、同飛行隊の新米パイロットはそうした機体と編隊を組むように命じられていた。

34
Bf109G-14 「白の14」 1944年9月 フーステット 第27戦闘航空団第13中隊長エルンスト-ゲオルク・アルトノルトフ中尉
ノルマンディ奪還戦後を描いたこの機体は、北ドイツに後退し休養と再編の間に第Ⅳ飛行隊に配備された新品68機のG-14の1機である。第27戦闘航空団第Ⅳ飛行隊はまだ所属を明らかにしないことを好んでい

るように見えるが、10月に本土防衛任務に復帰するまでに緑帯が記入されたかどうかは知られていない。アルトノルトフの撃墜戦果11機のうち最初の8機は、第Ⅳ飛行隊が1945年3月に解隊されるまでに同飛行隊で(後の3機は翌月に他の部隊で)あげたものである。

35
Bf109G-14/AS(製造番号785750)「青の11」 1945年3月
ライネ-ホプステン 第27戦闘航空団第8中隊
大戦が終結に近づいた頃に撮影された「青の11」は、第27戦闘航空団第Ⅱ飛行隊が大戦末期に装備した代表的な機体である。緑帯が胴体国籍標識に接して記入されていることに注目。その他には、大戦末期に生産されたBf109ではより一般的な特徴であるが、製造番号を目立つように(そのため下4桁を第Ⅱ飛行隊標識の横すぐ上に)記入し、尾翼の迷彩パターンが境界のはっきりした塗り方になっている。[製造番号の下4桁を胴体後部に記入したのは、メッサーシュミット社レーゲンスブルク工場で量産されたG-14、G-14/AS、G-10、K-4の一部に限られ、他のメーカーで量産された機体には見られない]

36
Bf109K-4 「赤の18」 1945年4月 バート-アイブリンク
第27戦闘航空団第2中隊
残骸の写真から図版を作成した第2中隊の「赤の18」は、大戦終結直前の数週間における第27戦闘航空団第Ⅰ飛行隊機の代表といえる。同飛行隊の特徴とする、幅が広い胴体帯を明らかに最期まで塗り続けていたことに注目。

37
Bf109K-4 「青の7」 1945年4月 プラハ-クベリィ
第27戦闘航空団第12中隊
対照的に、この第Ⅲ飛行隊のK-4には大戦末期におけるもうひとつの典型的な迷彩が塗られており、第27戦闘航空団第Ⅲ飛行隊が本土防衛標識帯に関して小さな変更を行ったことを示している。つまり、緑帯は以前より幅が広くなり(それでも第27戦闘航空団第Ⅰ飛行隊ほど太くはないが)、第Ⅲ飛行隊標識の縦棒を重ねて記入している。

38
ゴータGo145A 「SM＋NQ」 1940年8月
シェルブール 第27戦闘航空団本部
他のどの戦闘航空団とも同じように、JG27も駐屯地に雑用機と雑多な小型機を保有していた。このゴータ複葉機は航空団本部へ配備されたが、そこに長くはいなかった。チャンネル諸島からストラスブールに戻る郵便送達任務についていた1940年8月28日(英国本土航空戦の最盛期で、航空団本部がシェルブールからギネに移動した日)に、パイロットのレオンハルト・ブックレ軍曹は方位を失い逆方向のサセックス州ルイス競馬場に着陸し、捕獲された。後に英空軍シリアルBV207を割り当てられたこのゴータ(製造番号1115)は、「新しい主人の下で」任務についたのだ!

39
Bf108 「TI＋EY」 1941年4月 グラーツ-タレルホフ
第27戦闘航空団第Ⅰ飛行隊
パイロットと旅客3名のための密閉されたキャビンを備えた、戦闘機より遥かに豪華な小型機であるこの汚れのない「タイフン」は、エドゥアルト・ノイマン大尉と部下の第Ⅰ飛行隊本部要員がいくらか豪華な旅行をするのに使われた。だが、彼らはすぐに快適な機体を取り上げられることになる。同飛行隊のBf109Eが4月下旬にアフリカへ向け出発した時に「TI＋EY」は置いていかれた、と伝えられる。航空団本部の姉妹機「TI＋EN」は地中海を渡り、1942年11月にエル・アラメインから撤退する際に爆破された。

40
Fi156C-3 「DO＋AI」 1942年7月 クオータイフィア
第27戦闘航空団本部
アフリカで航空団の雑用係を務めたもう1機の小型機はこの褐色に塗られたシュトルヒで、地中海方面戦域帯が塗られ、ヴォルデンガ中佐が導入して間もない航空団章を記入している。豪華とはいい難いが、このFi156(製造番号5407)は真の何でも屋で、重要な連絡任務はもちろん、リビアの広大な荒地とエジプトの砂漠から撃墜されたパイロットを回収する任務まで、何でもこなした。この機体は1942年8月8日にクオータイフィアで連合軍の空爆に遭い、破壊された。

◎著者紹介 | ジョン・ウィール　John Weal

英国本土航空戦を少年時代に目撃し、ドイツ機に強い関心を抱く。英空軍の一員として1950年代末にドイツに勤務して以来、堪能なドイツ語を駆使し、旧ドイツ空軍将兵たちに直接取材を重ねてきた。後に英国の航空誌『Air Enthusiast』のスタッフ画家として数多くのイラストを発表。本シリーズではドイツ空軍に関する多数の著作があり、カラーイラストも手がける。夫人はドイツ人。

◎訳者紹介 | 阿部孝一郎（あべこういちろう）

1948年新潟県三条市生まれ。東京理科大学工学部機械工学科卒業。電気会社に約23年間勤めたのち、退職。現在は航空機技術史研究家。『スケール アヴィエーション』（大日本絵画刊）誌上で、メッサーシュミットBf109のF型、最後期型であるK-4/G-10と、フォッケウルフFw190D型についての研究を発表。共著に『モデラーズ・アイ メッサーシュミットBf109G-6』、訳書に『メッサーシュミットのエース 北アフリカと地中海の戦い』『ロシア戦線のフォッケウルフFw190エース』『西部戦線のフォッケウルフFw190エース』『西部戦線のメッサーシュミットBf109F/G/Kエース』『東部戦線のメッサーシュミットBf109エース』（いずれも大日本絵画刊）がある。

オスプレイ軍用機シリーズ39

**第27戦闘航空団
アフリカ**

発行日	2003年11月9日　初版第1刷
著者	ジョン・ウィール
訳者	阿部孝一郎
発行者	小川光二
発行所	株式会社大日本絵画 〒101-0054 東京都千代田区神田錦町1丁目7番地 電話：03-3294-7861 http://www.kaiga.co.jp
編集	株式会社アートボックス
装幀・デザイン	関口八重子
印刷/製本	大日本印刷株式会社

©2003 Osprey Publishing Limited
Printed in Japan
ISBN4-499-22827-1 C0076

Jagdgeschwader 27 'Afrika'
John Weal

First published in Great Britain in 2003, by Osprey Publishing Ltd, Elms Court, Chapel Way, Botley, Oxford, OX2 9LP. All rights reserved.
Japanese language translation ©2003 Dainippon Kaiga Co., Ltd.

ACKNOWLEDGEMENTS
The author would like to thank the following individuals for their generous help in providing information and photographs.
In England——Roger A Freeman, Michael Payne, Dr Alfred Price, Jerry Scutts, Robert Simpson, Andy Thomas and W J A 'Tony' Wood.
In Germany——Herren Georg Clemens, Manfred Griehl, Walter Matthiesen, Paul Schäfer and Harald Weber.